Taylorsystem und Physiologie der beruflichen Arbeit

Von

J. M. Lahy

Professor an der Universität Paris

Deutsche autorisierte Ausgabe von

Dr. J. Waldsburger

Mit 11 Abbildungen

Berlin
Verlag von Julius Springer
1923

ISBN-13: 978-3-642-98458-7   e-ISBN-13: 978-3-642-99272-8
DOI: 10.1007/978-3-642-99272-8

Alle Rechte vorbehalten.
Softcover reprint of the hardcover 1st edition 1923

Vorwort des Übersetzers.

In den Ländern mit entwickeltem Industrialismus ertönt gegenwärtig immer mächtiger der Ruf nach einer tiefgreifenden Rationalisierung der industriellen Arbeit.

„Berufsauslese" und „Arbeitseignung", „optimale Arbeitsbedingungen", „Taylorismus", „Betriebswissenschaft", „Arbeitsphysiologie" und „Arbeitspsychologie" sind heute Kernfragen geworden, die nicht bloß die industriellen Betriebsleiter, die Techniker und Ingenieure beschäftigen, sondern auch die Psychologen, Physiologen und nicht zuletzt die Volkswirtschafter, Sozialpolitiker, Sozialhygieniker, wie auch endlich die Staatsregierungen.

Die Forschungsarbeiten und praktischen Bestrebungen in der Richtung der Erhöhung des Nutzeffektes der menschlichen Arbeit zeitigten in den letzten Jahren eine fast unübersehbare Menge von hochbedeutsamen Veröffentlichungen, welche die wissenschaftliche Durchdringung der industriellen Arbeit zum Gegenstande haben.

Hatte sich das Bestreben, die Rationalisierung der menschlichen Arbeit anzubahnen, schon seit einigen Jahrzehnten geltend gemacht und eine ansehnliche Zahl von Forscher aus allen Wissensgebieten auf den Plan gerufen, so ist es doch der Weltkrieg gewesen, der aus naheliegenden Gründen der Bewegung den entscheidenden Impuls gab und insbesondere die praktische Verwertung der gewonnenen Forschungsergebnisse zur unumgänglichen Notwendigkeit machte.

Der Krieg hat nämlich die wirtschaftende Menschheit derart in Mitleidenschaft gezogen, ihre ursprüngliche Produktivkraft so gelähmt, daß eine rationellere Verwertung und ökonomischere Ausnützung der menschlichen Arbeitskraft zur Bedingung des wirtschaftlichen Wiederaufbaues geworden ist. Die Weltkatastrophe hat nicht nur unzählige Kulturwerte zugrunde gerichtet,

Vorwort des Übersetzers.

eine tiefe Störung des gesamten Wirtschaftsapparates bewirkt, sondern auch Millionen von kostbaren Menschenleben vernichtet. Bedeutend ist auch die Zahl derjenigen, deren Leistungsfähigkeit durch den Krieg vollständig zerstört oder doch erheblich vermindert worden ist. Daraus ergab sich die Notwendigkeit, Mittel und Wege ausfindig zu machen, um die Leistungsfähigkeit der Überlebenden, zwecks Erhöhung des Wirtschaftsertrages, zu heben.

In diesem Zusammenhange ist es leicht begreiflich, daß die schon vor dem Kriege in den industriellen Kreisen bekannte Arbeitsmethode des amerikanischen Ingenieurs F. W. Taylor in den Mittelpunkt des Interesses trat. War sie doch nach der Ansicht seiner zahlreichen Anhänger in den verschiedensten Ländern in der Lage, die Betriebsführung von Grund auf umzugestalten und dadurch ein Maximum an Leistung mit einem Minimum von Aufwand zu gestatten. In steigendem Maße brach sich die Erkenntnis Bahn, daß das Taylorsystem dazu berufen war, im Werke des wirtschaftlichen Wiederaufbaues eine bedeutende Rolle zu spielen.

Die Tatsache, daß die Anwendung der amerikanischen Methoden zu einer Verdoppelung, ja zu einer Verdreifachung der Produktion führte, die Betriebskosten in beträchtlichem Maße verminderte und, als Folge davon, trotz der starken Erhöhung der Löhne, die Betriebsgewinne in bedeutendem Umfange steigerte, mußte bei vielen verführerisch wirken. So ist es nicht zu verwundern, daß sich der Taylorismus zu Beginn einer ebenso blinden wie allgemeinen Gunst erfreute.

Doch bald wich diese fast ausnahmslose Gunst einer scharfen Kritik, welche um so berechtigter erschien, als die wenigen Anwendungen des Taylorsystems in Europa zu schweren Mißerfolgen führten.

Erschien in Rücksicht auf die gegenwärtigen wirtschaftlichen Verhältnisse die wissenschaftliche Organisation der Arbeit als eine unumgängliche Notwendigkeit, so mußte doch anderseits die Frage aufgeworfen werden, ob das Taylorsystem, die erste in sich abgeschlossene Methode der Arbeitsorganisation, auch wirklich das richtige, das zweckmäßige System darstelle, dasjenige, das von allen denjenigen erwartet war, welche die wissenschaftliche Durchdringung der beruflichen Arbeit zum Gegenstand ihrer Bestrebungen machten. Die Entwicklung der Dinge in den letzten Jahren hat denn auch offenbart, daß Taylor bloß Pionierdienste geleistet hat, was, insofern man lediglich den Grundsatz der Rationalisierung der Arbeit ins Auge faßt und von allen Einzelmaßnahmen absieht, ihm als großes Verdienst anzurechnen ist.

In der Tat, trotz der großen Zahl von Unvollkommenheiten und Unzulänglichkeiten, welche, vom Standpunkt der heutigen Wissenschaft aus betrachtet, die Taylorsche Arbeitsmethode aufweist, trotz seines noch stark empirischen Charakters und der zum Teil — insofern es sich um die menschliche Arbeit handelt — recht laienhaften Natur ihrer Forschungsweise, wurden die Bestrebungen des amerikanischen Ingenieurs zum Ausgangspunkte einer mächtigen Bewegung in der Mehrzahl der Länder mit entwickeltem Industrialismus, dahinzielend, auf die menschliche Arbeit in der wirtschaftlichen Betätigung im allgemeinen und in der industriellen Produktion im besonderen, rationelle, wissenschaftlich fundierte Methoden anzuwenden, die geeignet sind, die „optimale" Arbeitsleistung zu ermöglichen, d. h. ein Maximum von Leistungsfähigkeit mit einem Minimum dafür verausgabter Energie.

Stieß die praktische Anwendung der amerikanischen Arbeitsmethoden in Europa auf zahlreiche Schwierigkeiten technischer, ökonomischer und sozialer Natur, war der Erfolg derselben infolge des komplizierten und kostspieligen Organisationsapparates, den sie von den industriellen Betrieben beanspruchten, zum mindesten sehr problematisch, gab endlich die fast ausnahmslose Opposition der organisierten Arbeiterschaft zu schweren Bedenken Anlaß, so brach sich nichtsdestoweniger die Erkenntnis Bahn, daß im Werke Taylors und seiner Anhänger eine große Zahl von Grundsätzen enthalten ist, deren Verwirklichung unter Zuhilfenahme einwandfreierer und exakterer wissenschaftlicher Methoden von eminenter wirtschaftlicher und sozialer Tragweite sein mußte.

In dieser Beziehung konnte kein Zweifel darüber bestehen, daß die Ergebnisse der Forschungsarbeit der experimentellen Psychologie und Physiologie, welche seit langen Jahren in den wissenschaftlichen Laboratorien der Alten und Neuen Welt mit großem Eifer geleistet wurde, berufen waren, bei der Untersuchung und zweckmäßigen Beeinflussung der menschlichen Arbeitsverrichtung wichtige Hilfdienste zu leisten. Dadurch war die Möglichkeit der Entstehung einer neuen Disziplin gegeben, die dem von ihr verfolgten Zweck entsprechend in berechtigter Weise als „Arbeitswissenschaft" bezeichnet werden kann[1]) und welche die Aufgabe verfolgt, die Funktionen des menschlichen Organismus in seiner Eigenschaft als „Arbeitsmaschine" zu untersuchen, um darauf gestützt die Bedingungen der optimalen Arbeitsleistung aufzudecken, die Ermüdungserscheinungen zu erfassen und zu beeinflussen, die Arbeitseignung festzustellen, mit einem Wort, die wissenschaftlichen Grundlagen der beruflichen Arbeit zu errichten.

Im Werke von J. M. Lahy, Leiter des Laboratoriums für experimentelle Psychologie an der „Ecole pratique des Hautes Etudes" in Paris, dessen deutsche Ausgabe hier vorliegt, ist die von uns soeben kurz gekennzeichnete Entwicklung in der anschaulichsten und klarsten Weise zum Ausdruck gebracht worden.

Der Verfasser zeigt, wie die von W. Taylor und seinen Schülern in Anwendung gebrachten Maßnahmen zur Hebung des Nutzeffektes der industriellen Arbeit mit Hilfe wirklich wissenschaftlicher Untersuchungen und unter weitgehendster Würdigung der zahlreichen, damit in engstem Zusammenhange stehenden Faktoren wirtschaftlicher, sozialer, physiologischer, psychologischer und moralischer Natur zweckmäßiger gestaltet und dadurch erst praktisch nutzbringend verwertet werden können.

Dank der auf genauer Beobachtung und peinlicher Untersuchung beruhenden Kritik der amerikanischen Arbeitsmethoden kann das Buch von J. M. Lahy als eine der bedeutendsten und

---

[1]) Im Gegensatze zu der vom Verfasser auf S. 150 vertretenen Ansicht betrachten wir es als zweckmäßiger, die auf die berufliche Arbeit bezüglichen Untersuchungen und daraus sich ergebenden praktischen Leitsätze zu einer besonderen, als „Arbeitswissenschaft" bezeichneten Disziplin, zusammenzufassen. Die vom Verfasser empfohlene Beschränkung auf eine „besondere Anwendung der Laboratoriumstechnik und der allgemeinen Grundsätze der experimentellen Wissenschaft auf besondere Probleme" ist in Rücksicht auf die Mannigfaltigkeit der auf dem in Frage kommenden Gebiete zu berücksichtigenden Faktoren ungenügend. Für die praktischen Zwecke, um die es sich hier vorwiegend handelt, ist eine scharfe Abgrenzung des Forschungsgebietes unerläßlich, will man nicht ins Uferlose fallen.

fruchtbarsten Veröffentlichungen auf dem Gebiete der Organisation der Arbeit bezeichnet werden.

Die Tatsache, daß sich der Verfasser keineswegs auf die scharfe, jedoch durchaus berechtigte Kritik des Taylorsystems beschränkt, sondern auch die Mittel und Wege angibt, durch welche eine wirklich wissenschaftliche Organisation der industriellen Arbeit geschaffen werden kann, erhöht noch in beträchtlichem Maße den praktischen Wert der Arbeit des französischen Forschers.

Dieselbe wird zweifelsohne, nachdem der durch den Krieg lange Zeit unterbundene wissenschaftliche Austauschverkehr zum Teil wiederhergestellt ist, auch dem tief daniederliegenden deutschen Wirtschaftsleben, für dessen Wiedergesundung eine rationelle Organisation der beruflichen Arbeit eine der wichtigsten Vorbedingungen bildet, vortreffliche Dienste leisten.

Bern, im Mai 1923.

Dr. J. Waldsburger.

Vorwort des Verfassers.

Im Jahre 1916, inmitten des Krieges erschienen, war dieses Buch, welches wir neuerdings dem Publikum unterbreiten, bereits nach wenigen Wochen vergriffen. Durch unsere militärischen Pflichten von Paris ferngehalten, konnten wir volle vier Jahre hindurch nicht die nötige Muße finden, um eine neue Auflage vorzubereiten. Es schien übrigens zweckmäßiger, abzuwarten, bis die allerorts in den industriellen Betrieben getätigten Versuche neue Materialien ans Tageslicht beförderten, die geeignet waren, ein abschließendes Urteil über den Wert der Taylorschen Methode zu fällen.

Unsere Vorahnungen haben sich bestätigt. Entgegen den Behauptungen von einigen, die sich als unbelehrbar erklären, ist eine deutliche Bewegung im Einklang mit den von uns verfochtenen Ideen entstanden, dahinzielend, das Werk des amerikanischen Ingenieurs auf ein richtiges Maß zurückzuführen, seine wertvollen Neuerungen wie auch seine Irrtümer gerechterweise anzudeuten und daraus nützliche Anregungen für die Industrie zu schöpfen.

Es ist nicht möglich, an dieser Stelle alle Veröffentlichungen anzuführen, welche im Laufe der letzten fünf Jahre unser Urteil bestätigt haben und gegen die übermäßige Eingenommenheit, die zu Beginn dem Taylorismus gegenüber herrschte, eine warnende Stimme erheben. Begnügen wir uns damit, die vorherrschende Idee, die sich daraus ergibt, anzuführen, nämlich die, daß man mit Unrecht ,,Wissenschaft" genannt hatte, was bloß eine Technik ist, die den Zweck verfolgt, für einen gegebenen industriellen Betrieb ein Maximum an Leistung zu erzielen.

Eine ,,wissenschaftliche Organisation der Arbeit" bewerkstelligen bedeutet vielmehr, jederzeit die günstigsten Produktionsbedingungen in Rücksicht auf die stets sich verändernden Verhältnisse der Werkzeug- und Maschinentechnik, der Arbeiterschaft, der Absatzgebiete, des Rohstoffbezugs usw. zu ermitteln. Aus der Tatsache, daß wir dem Taylorsystem gegenüber Vorbehalte machen, folgt nun aber keineswegs, daß das Werk Taylors insgesamt zu verwerfen sei. Es besitzt einen Eigenwert, den niemand bestreiten wird, und den wir selbst in angemessener Weise gewürdigt haben. Aber es dringt nur teilweise in die Probleme der Arbeitsorganisation hinein und bahnt höchstens Lösungen an, deren provisorischer Charakter ohne weiteres auffällt. Aus diesem Grunde fühlten wir uns veranlaßt, statt es ohne weiteres zu bewundern, wie es einige getan haben, um eine Bewegung der Nachahmung in der industriellen Welt auszulösen, den Versuch zu machen, es einer kritischen, vorurteilslosen und objektiven Untersuchung zu unterwerfen.

Wir geben der Überzeugung Ausdruck, daß der Franzose über dem steht, was von ihm gefordert wird. Nachahmen ist nicht seine charakteristische Fähigkeit. Ein System der Arbeitsorganisation, welches die wirklichen Bedürfnisse unserer Industrie zu berücksichtigen bestrebt ist, muß mit dieser Tatsache rechnen und die Verbreitung neuer Ideen begünstigen, ohne Rücksicht auf deren Ursprung.

Setzen jedoch die Funktionen — wie dies der Fall für den Betriebsleiter ist — beim Menschen eine anhaltende Anpassungs- und Vervollkommnungstätigkeit voraus, so ist es eine unumgängliche Notwendigkeit, alle Mittel anzuwenden, um seine Aufgabe zu erleichtern. In diesem Falle drängt sich die Notwendigkeit der Kenntnis der verschiedenen Methoden ohne weiteres auf — diejenige von Taylor ebensosehr wie die anderen. Infolgedessen glauben wir, daß es nur von Nutzen sein kann, die letztere möglichst klar und objektiv darzustellen, damit unsere Industriellen sie kennenlernen, studieren, assimilieren. Sie vermag zahlreiche wertvolle Lehren zu geben, ohne daß es deshalb notwendig wäre, sie in der Gesamtheit ihrer Regeln in unseren Betrieben zur Anwendung zu bringen.

Einige, vielleicht weil sie den Begriffen keinen genügend scharfen Sinn verleihen, haben die Tendenz unserer Studie mißverstanden. Da wir davon sprachen, das Taylorsystem einer Kritik zu unterwerfen, haben sie daraus geschlossen, daß wir Übles von ihm reden würden. Es ist dies ein Irrtum, in den umsichtige Geister nicht hätten verfallen sollen. Die Kritik ist nur ein Moment der wissenschaftlichen Untersuchung, dessen viel weiter gezogener Aufgabenkreis darin besteht, Tatsachen zu sammeln, sie mit Hilfe eines besonnenen Urteils — der Kritik — zu identifizieren und schließlich zu klassifizieren.

Nehmen wir ein Beispiel. Um eine verwickelte soziale Erscheinung zu erfassen, das Recht unter andern, ist es notwendig, dessen einfachste Erscheinungsformen aufzudecken. Man muß infolgedessen der Ethnographie die Aufgabe stellen, uns über seine primitivsten Ausdrucksformen zu berichten. Dank der Kritik — Kritik der Quellen und Kritik der Tatsachen — sind wir in der Lage, die Elemente zu erkennen, aus welchen es sich beim Ursprunge der Gesellschaft zusammensetzt. Ist diese Arbeit erledigt, nehmen wir eine Klassifizierung vor, die uns zu der Definition der elementaren Formen des Rechts führt. Sodann kann man mit Leichtigkeit die Entwicklung der rechtlichen Regeln, welche die Regelung der Beziehungen der Menschen zueinander zum Gegenstande haben, verfolgen und beobachten, was sich in unserer Gesetzgebung oder in unserem Gewohnheitsrecht aus der Vergangenheit erhalten hat und was den zukünftigen Fortschritt vorbereitet.

Dieselbe Methode wird in allen Wissenschaften gehandhabt, mit der Einschränkung allerdings, daß in der physiologischen Wissenschaft die Kritik die Hauptrolle spielt, derart, daß sie in der Form des Experiments das gesamte Gebiet der Untersuchung beherrscht. Eine unkontrollierte Tatsache ist nur eine Hypothese. Sobald aber diese Tatsache durch das Experiment bestätigt worden ist, wird sie identifiziert, sodann klassifiziert: ihre Richtigkeit ist um so sicherer, als die Überprüfung jederzeit erfolgen kann.

Bei der Anwendung dieser Methode in der Untersuchung des Taylorsystems haben wir uns der kritischen Schärfe befleißigt und jedesmal, wenn dies möglich erschien, zu dem experimentellen Verfahren gegriffen. Wir behaupten nicht, von vornherein die volle Wahrheit erfaßt zu haben. Sind aber unsere Untersuchungen richtig durchgeführt worden, müssen unsere Ansichten durch die bis zum heutigen Tage gemachten Erfahrungen, welche die höchste Gewähr bieten, bestätigt werden.

Was die in bezug auf die Tätigkeit der „menschlichen Arbeitsmaschine" in der beruflichen Arbeit angestellten Untersuchungen anbetrifft, die in das Forschungsgebiet der Physiologie fallen, so hegen wir den Wunsch, daß dieselben wieder aufgenommen, überprüft, erweitert werden.

Die aus der Anwendung des Taylorsystems sich ergebenden ökonomischen und sozialen Erscheinungen sind schwieriger durch das experimentelle Verfahren zu erfassen, jedoch kann die Beobachtung dasselbe wirksam ersetzen, wenn sie gut geführt und von Parteimeinungen unbeeinflußt ist.

Diese Voraussetzungen sind durch eine im Laufe des Jahres 1915 in Amerika durchgeführte Enquete erfüllt worden.

In der Tat haben wir vernommen, daß zu dieser Zeit das Repräsentantenhaus eine unparteiische Enquete über die Anwendung des Taylorsystems in den Vereinigten Staaten angeregt hatte. Die Leitung derselben wurde R. F. Hoxie, Professor der Nationalökonomie an der Universität von Chicago anvertraut, dem zwei Experten beigegeben wurden: ein Vertreter der Arbeiterschaft, John P. Frey, und ein Vertreter der Arbeitgeber, Robert G. Valentine.

Die Enquete erstreckte sich auf 35 Betriebe, wovon verschiedene von Taylor selbst bezeichnet wurden. Es muß zugegeben werden, daß eine derartige Enquete einem Experiment gleichgesetzt werden kann. Deren Ergebnisse haben Prof. Hoxie zu Schlußfolgerungen geführt, welche in jeder Beziehung die in unseren Studien formulierten Vermutungen bestätigen[1]).

In der Tat macht Prof. Hoxie, nachdem er, wie wir selbst, konstatiert hat, daß die wissenschaftliche Betriebsführung einen eminenten Fortschritt in der industriellen Evolution darstellt, und von diesem Gesichtspunkte aus das Taylorsystem einen unzweifelhaften Wert besitzt, mit voller Offenheit auf die Unvollkommenheiten und Unzulänglichkeiten des Taylorismus aufmerksam, die er von der praktischen Anwendung ableitet, die sich aber tatsächlich aus dem System selbst ergeben.

---

[1]) Robert Franklin Hoxie: L'organisation scientifique des ateliers et le problème de la main-d'œuvre aux Etats-Unis. 1. Band der Bibliothèque internationale du Travail. Paris: Gauthier-Villars. (Vgl. John P. Frey: „Die wissenschaftliche Betriebsführung und die Arbeiterschaft. Eine öffentliche Untersuchung der Betriebe mit Taylorsystem in den Vereinigten Staaten von Nordamerika, übersetzt von Ed. Breslauer. Leipzig: P. E. Lindners Verlag [F. Zahn] 1919. Der Übersetzer.)

Da er die Beobachtung macht, daß das Taylorsystem in keinem Betriebe, der es eingeführt hat, in seiner Gesamtheit angewendet wird, stellt sich Hoxie nicht ohne Besorgnis die Frage: „Wie soll es dann bei den anderen stehen?"
Wir haben für diese Tatsache, die beim ersten Hinblick unbegreiflich erscheint, in unserer Studie eine Erklärung gegeben. Das System, sagten wir, ist zu starr, um in seiner Gesamtheit angewendet werden zu können. Es fesselt nicht nur den Arbeiter, sondern auch die Betriebsleiter, die Werkstattmeister in unentrinnbarer Weise an sich. Sein Grundfehler besteht darin, daß es nicht in genügender Weise die Unterschiede des Milieus, der technischen Hilfsmittel, der Geistesbeschaffenheit der Arbeiter berücksichtigt. Im Gegensatz dazu setzt eine Organisation der Arbeit im wahren Sinne des Wortes die Untersuchung stets sich erneuernder Probleme und das Ausfindigmachen adäquater Lösungen voraus.

Fernerhin bemerkt Hoxie, daß die Taylorsche Auslese, die einzig und allein auf die Leistungen der Arbeiter gestützt ist, durch die Ausscheidung von minderwertigen Kräften zur Entstehung einer großen Zahl sozial unbrauchbarer und somit dem Untergang geweihter Menschen führt. Wir hatten diesen Fall vorausgesehen und betont, daß eine auf die physiologischen Fähigkeiten eines jeden Menschen beruhende Vorauslese notwendig ist. Instruktoren, die mit der Anlernung der in dieser Weise ausgewählten jungen Leute betraut wären, würden dann auf einem günstigen Terrain arbeiten, auf welchem keine parasitären Pflanzen — üble Gewohnheiten — gekeimt haben würden.

Die Nichtbeachtung des Grundsatzes der Vorauslese im Taylorsystem führt zu folgenden zweifachen Wirkungen: entweder werden die Arbeiter aus dem Betriebe ausgestoßen und zu sozialen Unwerten gestempelt, die von niemanden mehr angeleitet werden, oder sie werden gezwungen, um sich in demselben zu halten, außerordentliche Anstrengungen zu machen, um ihre Unfähigkeit zu korrigieren. Die fortwährende Untersuchung der Ermüdung muß mithin im Mittelpunkte einer jeden wirklich wissenschaftlichen Organisation der Arbeit stehen. Hoxie konstatiert, daß diese Beschäftigung dem Taylorismus fremd ist, trotz der peinlichsten Sorge für Hygiene und Sicherheit, die darin zum Ausdruck kommt.

Insbesondere das Problem der beruflichen Ermüdung ins Auge fassend, haben wir gezeigt, daß es angebracht erschien, da das Taylorsystem nicht in der Lage ist, den Arbeiter automatisch gegen die durch eine anhaltende Aufmerksamkeitsleistung und gesteigertes Arbeitstempo hervorgerufene Ermüdung zu schützen, die Hilfe derjenigen Wissenschaften anzurufen, die eine Lösung dieser Frage anstreben: der Psychologie und der Physiologie.

Das Gebiet jedoch, wo die Schlußfolgerungen der Enquete von Hoxie sich in engster Übereinstimmung mit den Deduktionen unserer Studie befinden, ist das der Zeitstudien. Die Zeitstudien erlauben, und dies stellt ihren wirklichen Vorteil dar, eine gewisse Vervollkommnung der Technik. Will man sie aber zur Grundlage der Löhne machen, begeht man sehr große „Irrtümer und Ungerechtigkeiten". Hoxie stellt in dieser Hinsicht fest, daß siebzehn Faktoren vom Willen und Urteil der Experimentatoren abhängig sind. Er gelangt, wie wir, zum Schlusse, daß die Methode jeder wissenschaftlicher Schärfe entbehrt.

Bemerken wir noch, um die volle Tragweite dieser Kritik klarzulegen, daß die Ermüdungsuntersuchung Hand in Hand mit den Zeitstudien gehen soll, woran Taylor nicht gedacht hat. Diese letzteren, die wir keineswegs abweisen, sollen eines der Elemente der wissenschaftlichen Organisation der Arbeit bilden, aber ohne den etwas einfältigen Charakter, den ihnen Taylor verliehen hat.

Die Untersuchungen von Hoxie, unter den von uns erwähnten Bedingungen und unter der Ägide von Taylor selbst durchgeführt, bestätigen somit die Definition, die wir vom Taylorsystem gegeben haben. Es stellt, allgemein gesprochen, eine vervollkommnete Organisation der Arbeit dar, welche das Ziel verfolgt, von den technischen Hilfsmitteln und der Arbeiterschaft ein Maximum von Nutzeffekt zu erlangen. Und das ist alles.

Die ihm innewohnenden Lücken, auf die wir aufmerksam gemacht haben, erklären jene Art von Rückgang, der wir heute beiwohnen, wenn wir die Theorie des Systems mit seiner praktischen Verwirklichung vergleichen. Man fragt sich in der Tat, aus welchem Grunde die Rolle des Funktionsmeisters, wie Taylor sie beschrieben hat, in der Praxis nicht Eingang gefunden hat, und welches die Ursachen sind, welche sie für null und nichtig erklärt haben, nachdem sie kaum geschaffen war.

Wäre es nicht aus dem Grunde, weil das Fehlen einer wissenschaftlichen Vorauslese der Arbeiter, sowie einer fortwährenden und peinlichen Untersuchung der Ermüdung dieselben Arbeiter aller Garantien berauben? Man sieht sich gezwungen, den Arbeiter wie in der alten sogenannten militärischen Organisation unter Zwang zu stellen, statt ihn anzuleiten, wie Taylor es glaubte durchführen zu können.

Man wird sich beim Durchlesen der nachfolgenden Blätter von unserem Bestreben überzeugen können, neben den Irrtümern, die man wohl konstatieren muß, die bedeutenden Neuerungen hervorzuheben, die im Taylorsystem enthalten sind. Unsere Kritik verfolgt in der Tat weniger den Zweck, den Wert eines gegebenen Systems der Betriebsorganisation, welchen man ohne Vorbehalt unserer Industrie aufdrängen wollte, herabzusetzen, als die in der gegenwärtigen Zeit sich aus einer rationellen Organisation der beruflichen Arbeit ergebenden Probleme in ein neues Licht zu rücken.

Stellen wir uns auf den alleinigen Standpunkt des Psychologen und Physiologen, so ergibt sich, daß diese Probleme von brennender Aktualität sind. Die nachfolgenden Blätter verfolgen den Zweck, zu zeigen, wie wir sie uns gestellt haben und zu welchen Hoffnungen die bereits erzielten Ergebnisse berechtigen.

Inhaltsverzeichnis.

                                                Seite

Einleitung 1
1. Die Grundsätze von W. Taylor und ihre Verbreitung in der industriellen Welt 4
2. Die Definition des Systems nach W. Taylor 17
3. Wissenschaftliche Bewegungs- und Zeitstudien 24
4. Die berufliche Auslese 49
5. Die Löhne 60
6. Die innere Organisation des Betriebs 76
   1. Der moderne Fabrikbetrieb 77
      a) Seine Organisation 77
      b) Die soziale Funktion des modernen Fabrikbetriebes . 81
   2. Der nach den Grundsätzen von W. Taylor organisierte Betrieb 84
7. Die Physiologie der Arbeit nach W. Taylor und das Problem der Ermüdung 104
8. Die wissenschaftliche Feststellung der Ermüdung bei Arbeitsleistungen, die keine Muskelanstrengungen erfordern . . . 121
9. Der Wert des Taylorsystems und das Problem der wissenschaftlichen Organisation der menschlichen Arbeit 134
   1. Gesamtübersicht und Kritik des Systems 134
   2. Objektive Definition des Taylorsystems 142
   3. Die gegenwärtigen Probleme der psycho-physiologischen Organisation der beruflichen Arbeit 146
   4. Die gegenwärtig anzuwendende Methode zur Untersuchung der beruflichen Tätigkeit 150

Einleitung.

Der Mensch unterscheidet sich von den übrigen Lebewesen und von jenem automatischen Wesen, welches wir „Maschine" nennen, durch die fast unbeschränkte Mannigfaltigkeit seiner geistigen Inhalte und Bewegungen, sowie durch die Beziehungen, die er zwischen seinen Gedanken und Handlungen herstellt, um die letzteren immer mehr zu vervollkommnen.

Sobald nun der Mensch sich an der Arbeit befindet, schränken sich seine geistigen Inhalte und Bewegungen auf die Notwendigkeiten seiner beruflichen Tätigkeit ein; sein Bewußtseinsfeld verengert sich. Die moderne Tendenz nach Begrenzung der menschlichen Tätigkeit führt sowohl zu einem Verlust als auch zu einem Gewinn. Wenn einerseits die Verarbeitung der Rohstoffe unter günstigeren Bedingungen der Geschwindigkeit und Menge erfolgt und der Arbeiter bis zur Vollkommenheit die der Vorstellung entsprechende Bewegung erreicht, so drückt anderseits das Übermaß an Bewußtseinsverengerung das Individuum herab. Man muß infolgedessen das Gleichgewicht zwischen einer allzu weitgehenden, die moderne Arbeit begleitenden Automatisierung des Menschen und einer, aus der Abwesenheit jeglichen Zwanges sich ergebenden Zersplitterung der Gedanken herausfinden.

Das Gesetz der gesteigerten Leistung läuft in dem Maße, in dem es die optimale Dauer überschreitet, der normalen psychologischen und physiologischen Entwicklung des Menschen zuwider. Je mehr dieser zu einer abwechslungslosen Tätigkeit gezwungen ist, desto mehr soll er anderwärts sich einer freien Initiative erfreuen, um die Mannigfaltigkeit der geistigen Inhalte wiederzufinden, und, durch deren verwickeltes Spiel, abwechslungsvolle und nützliche Handlungen zu leisten.

Jedesmal, wenn es sich darum handelte, die Arbeit auf neuen Grundlagen zu organisieren, haben die Neuerer die Verbesserung der Technik in den Vordergrund gestellt, indem sie den Arbeiter bloß als ein Element der Produktion, als ein Anhängsel der Maschine betrachteten. Das Gebiet, auf welchem sich seine nicht spezialisierte Tätigkeit geltend machen soll, ignorierten sie grundsätzlich, indem sie es der Initiative des einzelnen überließen, Mittel und Wege ausfindig zu machen, die geeignet erschienen, den Menschen und die Rasse zu schützen. Daraus ist für die Arbeiter die Notwendigkeit entstanden, sich zu vereinigen, ohne die Zustimmung der Arbeitgeber vorzugehen, und sich sogar den letzteren in schweren Konflikten entgegenzustellen.

Das Werk von W. Taylor stellt das Schlußglied einer Entwicklung der Arbeitsformen dar, wo sich das Interesse lediglich auf die berufliche Leistung beschränkt. Der amerikanische Ingenieur vereinfacht die beruflichen Bewegungen und Arbeitsmethoden, um die Überproduktion eines jeden einzelnen Arbeiters sicherzustellen.

Diese neue Auffassung der Organisation der Arbeit leidet an einem dreifachen Irrtum: einem psychologischen, soziologischen und industriellen.

Obschon der Arbeiter dem Betrieb den weitaus größten Teil seiner Kräfte und seiner Zeit opfert, hört er damit nicht auf, ein Mensch zu sein, dessen Streben nach verschiedenen Zielen geht. Ihn einer Maschine gleichzusetzen unter dem Vorwande, daß er eine Tätigkeit ausübt, in welcher der geistige Anteil sehr beschränkt ist, ist dazu angetan, diese Unterlegenheit noch zu verstärken. Dieses arge Vorurteil, welches um so empörender ist, als in dem heutigen sozialen Zustand die Berufswahl nicht auf Grund einer vorgängigen psychologischen Auslese erfolgt, sondern völlig dem Zufall preisgegeben ist, erklärt die Verachtung W. Taylors den Handlangern seiner Betriebe gegenüber, aber auch die Feindseligkeit, mit welcher man in Frankreich seinem System begegnet ist.

Vom soziologischen Standpunkt aus ist ein Irrtum noch verhängnisvoller. Man kann den Arbeiter nicht vom Menschen lostrennen, der einen Anteil sozialer Tätigkeit in Gebieten trägt, in welchen er hierarchisch höher steht als in der Fabrik. Als Familienoberhaupt hat er alle moralischen Pflichten zu tragen, welche die Leitung einer Haushaltung und die Erziehung der Kinder nach sich ziehen; als Staatsbürger befindet er sich zuweilen im politischen Leben unter den tätigsten Individuen.

Ist es endlich vom beruflichen Standpunkt aus betrachtet nicht ein schwerer Irrtum, die mehr und mehr um sich greifende Verwendung der Maschine zu verkennen, welche die menschliche Arbeit ersetzt, dem Arbeiter eine Aufsichtstätigkeit überträgt und infolgedessen eine rasche und sichere Anpassung erheischt, für welche geistige Fähigkeiten unentbehrlich sind?

In dem Werke von W. Taylor weist nichts darauf hin, daß er die verschiedenen Gesichtspunkte, von welchen vorhin die Rede war, berücksichtigt hat. Indem wir es anderen überlassen, das Werk des amerikanischen Ingenieurs vom Standpunkte der Soziologie einer Kritik zu unterwerfen, sind wir der Ansicht, daß der Psychophysiologe im Interesse des Arbeitgebers wie des Arbeiters und selbst der Rasse, verpflichtet ist, die Rolle, die der Mensch in jeder wissenschaftlichen Organisation der Arbeit zu spielen berufen ist, klarzulegen.

Das Studium und die Kritik des Werkes von W. Taylor wird uns erlauben, die hauptsächlichsten Elemente der industriellen Arbeit festzustellen und in großen Zügen eine wirklich wissenschaftliche Organisation der menschlichen Arbeit zu entwerfen, die allzu einfältige Methoden ausschließt. Uns auf die Forschungsergebnisse der Psychophysiologie stützend, werden wir die Bedeutung der Probleme der beruflichen Anpassung der Arbeiter, der Berufsauslese und der Ermüdung hervorheben. Das Ergebnis dieser Untersuchung wird in der Tatsache gipfeln, daß Arbeitgeber und Arbeiter ein gleich hohes Interesse daran haben, die berufliche Arbeit nach wissenschaftlichen Gesichtspunkten zu organisieren.

Erstes Kapitel.

Die Grundsätze von W. Taylor und ihre Verbreitung in der industriellen Welt.

Seit bald dreißig Jahren hat Fred. W. Taylor[1]) in einigen amerikanischen Betrieben ein System der Arbeitsrationalisierung eingeführt, dessen wohltätige Wirkungen er verschiedentlich betont hat, insbesondere in seiner „Die Grundsätze wissenschaftlicher Betriebsführung" betitelten Schrift.

Die wissenschaftlichen Methoden für sich in Anspruch nehmend, betrachtet er die von ihm auf dem Gebiete der menschlichen Arbeit realisierten Fortschritte als eine vollständige Erneuerung der alten Verfahren, die den gesamten Arbeitsorganismus betreffen. Allerdings hat er aus den alten Techniken scharfsinnige Neuerungen übernommen und, ohne vor den Kosten, die eine Umgestaltung der gesamten Betriebstechnik nach sich zieht, zurückzuschrecken, seinen Betrieb von Grund auf verjüngt. Die von ihm angegebenen Zahlen liefern übrigens den Beweis, daß die durch das Mittel der neuen Organisation erzielten Leistungen bei weitem die ursprünglichen Leistungen überschreiten. So bedeutungsvoll diese Umgestaltungen jedoch erscheinen mögen,

---

¹) Fred. W. Taylor ist im Jahre 1856 in German Town Pa. geboren. Er ist am 21. März 1915 in Philadelphia gestorben. — Der Hauptzug seines Lebens, welches hier in allen Einzelheiten wiederzugeben unnütz ist, besteht darin, daß, bevor er Chefingenieur eines bedeutenden Betriebes wurde, er alle Stufen der industriellen Hierarchie erklimmen mußte, von der Handlanger- bis zur Ingenieurtätigkeit. Er war somit niemals spezialisiert und diesem Umstande verdankt man seine allgemeine und scharfsinnige Auffassung der Betriebsorganisation. Allerdings ist die Spezialisierung etwas Notwendiges und Wohltätiges, aber das Beispiel Taylors selbst liefert den Beweis, daß das allgemeine Interesse es erheischt, daß jeder Mensch sich mit Leichtigkeit über eine allzu engbegrenzte Spezialisierung erheben könne.

Die Grundsätze von W. Taylor und ihre Verbreitung. 5

können sie, infolge der sehr einfachen Art und Weise, wie sie die Probleme des Berufslebens lösen, nicht als eine endgültige Lösung einer so verwickelten Frage, wie sie die Organisation der Arbeit darstellt, betrachtet werden.

Vielleicht darf man zweckmäßigerweise eine derartige Umgestaltung der Arbeitsmethoden nicht von einem einzigen — noch so gut inspirierten — Individuum erwarten, indem sie nur das systematische Werk von Gruppen von Fachgelehrten und Industriellen sein kann. W. Taylor hat bloß individuelle Zwecke verfolgt, wobei sein energisches Temperament zum Ausdruck kommt. Die in größerem Maßstabe und auf objektiveren Grundlagen durchgeführten Untersuchungen müssen überall von nationaler Tragweite werden.

Es ist sehr wahrscheinlich, daß eine ganze Reihe der von Taylor aufgestellten Grundsätze als integrierende Bestandteile in der bevorstehenden Gesamtreform aufgenommen werden, indem sie das Werk mehr als eines Neueres beeinflussen. Aus diesem Grunde verdient sein System, daß man ihm eine besondere Aufmerksamkeit schenke und die Wissenschaft dasselbe mit Hilfe objektiver Untersuchungsmethoden einer verurteilslosen Kritik unterwerfe. Es kann ihm zweifelsohne nur von Nutzen sein, wenn einige seiner Schwächen klargelegt, die in ihm enthaltenen Fortschritte dagegen dauernd festgehalten werden.

Bevor die von Fr. W. Taylor vorgeschlagene Betriebsorganisation in Frankreich bekannt wurde, besaß der Begriff ,,wissenschaftliche Organisation der Arbeit", trotz seiner Verwickeltheit einen bestimmten und klaren Sinn. Seither, d. h. seit dem Erscheinen der Taylorschen Bücher hat er einen anscheinend eindeutigeren, aber viel weniger verwickelten Sinn angenommen. Und mit demselben Schlage büßten die Systeme, die bereits bestanden, zum großen Teil ihren sozialen, menschlichen und wissenschaftlichen Wert ein.

Die auf der positiven Kenntnis der Anforderungen der modernen industriellen Betätigung beruhende Organisation der Arbeit ist jedoch nicht etwas Neues, das direkt der Initiative des amerikanischen Ingenieurs entspringt. Wenn das Werk von W. Taylor Beachtung verdient, so ist es deshalb, weil es tiefgehende Umgestaltungen in den industriellen Arbeitsmethoden verwirklicht und dadurch die stark vernachlässigte Frage des beruflichen Lebens eine augenscheinliche Aktualität gewonnen hat. Kein Betriebsleiter kann zur gegenwärtigen Stunde achtlos an ihm vorbeigehen.

Die „Taylormethode" genannte Organisation der Arbeit trägt deutlich den Stempel des Landes und der Männer, die sie herhervorgebracht haben. Sie läßt sich weder durch Vorbehalte, die furchtsame Menschen zu machen pflegen, wenn es gilt, um einen Zweck zu erreichen, sowohl Geld als Vorurteile zu opfern, noch von jener Sentimentalität einschüchtern, welche im Menschen — dem Arbeiter — etwas anderes erblicken läßt, als nur seinen Leistungswert.

Sie hat zuweilen bei denen, die sie haben funktionieren sehen, oder bei andern eine wahrhafte Begeisterung hervorgerufen, so daß ihr einige eine unendliche Tragweite zuerkannt haben. Dabei verleihen wir dem Wort „unendlich" seinen mathematischen Sinn, denn, nach dem Geständnis Taylors selbst wird jede als nützlich erachtete Neuerung, insofern sie wissenschaftlichen Charakter trägt, ohne weiteres dem System einverleibt. Dies in einer solchen Weise, daß in naher Zukunft die Betriebsorganisation, wie Taylor sie ersonnen und verwirklicht hat, sich mit der wissenschaftlichen Organisation der Arbeit verschmelzen wird.

Eine derart plastische Auffassung eines Systems, welches doch seiner Natur nach genau umgrenzt ist und durch ein bestimmtes Ziel charakterisiert wird, erschwert dessen Studium in nicht geringem Maße. Der stark eklektische Grundsatz, automatisch jeden Irrtum auszuscheiden, sowie alle von den Vertretern der Wissenschaft vorgeschlagenen Verbesserungen zu übernehmen, drückt eine Geistesverfassung aus, die sicherlich nicht ohne Gefahr ist.

In der industriellen Praxis erscheint es als unmöglich, neben den klar formulierten Grundsätzen unklare Ideen, eine „Philosophie", wie sich Taylor in etwas naiv anmutender Verkennung des Sinnes dieses Wortes ausdrückt, als Richtschnur zu nehmen, wo doch alles der persönlichen Auslegung unterstellt ist. Vielleicht nimmt W. Taylor mehr für sich in Anspruch, als ihm billigerweise zusteht.

Die Idee der wissenschaftlichen Organisation der Arbeit ist Allgemeingut geworden, seitdem sich die moderne Physiologie gebildet hat und der Industrialismus die Intensivierung der Produktion zur Notwendigkeit macht.

Unsere Untersuchung beschränkt sich auf die von Taylor selbst eingeführten Neuerungen. Lediglich in bezug auf diese erscheint eine objektive Kritik als möglich und nützlich.

In Rücksicht auf dieses Ziel haben wir die Tatsachen den von W. Taylor veröffentlichten Arbeiten entnommen, in welchen er seine Neuerungen in allen ihren Einzelheiten zur Darstellung bringt. Die Arbeit, die man lesen muß, um den Gedanken Taylors genau kennen zu lernen und den Wert seines Systems beurteilen zu können, ist in amerikanischer Ausgabe im Jahre 1903 unter dem Titel „Studie über die Organisation der Arbeit in den Betrieben" erschienen und im Jahre 1917 in französischer Sprache veröffentlicht worden[1]). Unglücklicherweise ist dieses Buch vergriffen; um deshalb unsere Hinweise jedermann zugänglich zu machen, zitieren wir meistens aus dem neueren, sehr verbreiteten Buche Taylors „Die Grundsätze wissenschaftlicher Betriebsführung", welches in verschiedene Sprachen übersetzt worden ist[2]).

Jedoch hat dieses Buch den Nachteil, sehr schlecht verfaßt zu sein und subjektive Werturteile und Verallgemeinerungen zu enthalten, die seinen Wert herabsetzen. W. Taylor hat in der Tat aus seinem System eine „Philosophie" ableiten wollen und dadurch diesem stark geschadet.

Wer das Taylorsche Werk auf unparteiische Weise beurteilen will, muß seinem Studium die erste der erwähnten Arbeiten zu-

---

[1]) 412 Seiten. Im Jahre 1907 in der „Revue de Métallurgie" veröffentlicht.

[2]) Die englische Originalausgabe ist 1911 bei Harper & Bros, New York, veröffentlicht worden; die französische Übersetzung bei Dunot & Pinat, Paris 1912. — Zu der Zeit, wo wir diese Arbeit beendigten, gab die Buchhandlung Dunot & Pinat in Paris eine neue Auflage der vergriffenen Hauptarbeit heraus. Diese kann mit Nutzen eingesehen werden. Sie trägt den Titel: La direction des ateliers. 1 Band, 190 Seiten. — Es ist der dritte Teil des Werkes: Etude sur l'organisation du travail dans les usines, dem als Anhang eine dem zweiten Teil entnommene Abhandlung beigefügt ist: L'emploi des courroies (Über Treibriemen). Wir verweisen öfters auf diese. — Deutsche Übersetzung, aus welcher die Zitate der vorliegenden Übersetzung stammen: Die Betriebsleitung, insbesondere der Werkstätten, übersetzt von A. Wallichs. 3. Auflage. Berlin: Julius Springer 1917. (Der Übersetzer.)

grunde legen. Diese setzt sich aus drei Teilen zusammen, die folgende Titel führen: Dreharbeit und Werkzeugstähle, die Verwendung der Treibriemen, die Werkstattleitung.

Wir haben außerdem eine gewisse Anzahl von Studien, welche W. Taylor in verschiedenen ausländischen Zeitschriften veröffentlicht hat, sowie frühere Arbeiten von ihm, die heute zum Teil vergriffen sind, zu Rate gezogen[1]).

---

[1]) A piece rate system. Transactions of the American Society of Mechanical Engineers, Abhandlung 637, Juni 1895. — A piece rate system in the adjustment of wages to efficiency. New York: Macmillan Co. 1896. — Shop Management. Transactions of the American Society of Mechanical Engineers, Abhandlung 1003, Juni 1903. — A comparison of university and industrial description and methods. American Machinist, Nr. 46, S. 629, 1. Dezember 1906 (Auszug aus einem Bericht an einem neugegründeten Laboratorium der Universität Pennsylvania). Darin sucht er den Nachweis zu erbringen, daß die allzu große Freiheit des Studenten denselben nicht auf die eiserne Disziplin des industriellen Lebens vorbereitet. Er befürwortet für den jungen Studenten eine sechsmonatliche Praxis in einer Werkstatt vor dessen Eintritt in die Universität. Obschon diese Frage abseits von unserem Gegenstande zu liegen scheint, ist es dennoch zweckmäßig, zu zeigen, daß W. Taylor die Ankettung der oberen Angestellten an den Betrieb ebenso wichtig erscheint als der Zwang, den er den Arbeitern auferlegen will. — On the art of cutting metals. Transactions of the American Society of Mechanical Engineers, Band 28, November 1906. — Dies ist das Hauptwerk Taylors. Man findet darin die feinsinnigen Untersuchungen, die von ihm durchgeführt wurden, um die Herstellung des Rechenschiebers des Mechanikers zu ermöglichen, die Darstellung der durch den Verfasser erdachten experimentellen Drehbank, die während drei Jahren in den Betrieben der Bethlehem-Steel-Company zur Anwendung gelangte und in der Pariser Ausstellung von 1900 vorgeführt wurde. Es ist nicht unnütz, bei dieser Gelegenheit auf die Übertreibungen von W. Taylor in bezug auf die Bedeutung eines derartig gewaltigen Werkzeugs hinzuweisen, indem ähnliche und ebenso wertvolle Experimente andernorts mit bescheideneren Hilfsmitteln durchgeführt worden sind. Insbesondere lenkt diese Arbeit die Aufmerksamkeit auf die Bedeutung der Untersuchungen von Dr. Nicholson über die Erschütterungen während des Metallschneidens hin, und den Anteil, den G. M. Sinclair, H. C. Gantt und G. Barth an der mathematischen Lösung der diesbezüglichen Probleme und in der Erfindung des Rechenschiebers zukommt. — Over Arbaits praestatie en Loomegeling. Amsterdam: van Mantgen et Does, 1909. — Shops Managements. New York und London: Parper and Bros 1911. — The principles of scientific management. Journal of Accountancy, Juni 1911. —

Die Grundsätze von W. Taylor und ihre Verbreitung. 9

Endlich besitzt W. Taylor zahlreiche Schüler und Kommentatoren. Es ist uns hier nicht möglich, sie alle anzuführen; wir beschränken uns auf folgende Namen: Gantt[1]), Gilbreth[2]), Sandford Thompson[3]), Le Chatelier[4]), Fréminville, Wallichs[5]).

— The principles of scientific management. Addresses and discussions on the conferences on scientific management held, Oktober 1911. Amos Tuch School Dannouth College Hanover N.H. (U.S.A.) 1912.
— Changing from ordinary to scientific management: Industrial Engineering, März 1912.

[1]) H. G. Gantt: Work, Wages and Profits, publiziert durch: Engineering Magazine, New York 1910. Französische Ausgabe: H. G. Gantt: Travail, Salaires et Bénéfices, übersetzt aus der zweiten amerikanischen Auflage von A. Blaudin. Paris: Payot 1921.

[2]) F. B. Gilbreth hat versucht, die Dauer der Bewegungen in den verschiedenartigsten Berufsarten zu ermitteln. Er hat verschiedene Arbeiten über Arbeitsorganisation veröffentlicht: Motion Study, a method of Increasing the efficiency of the Workman. — Concret System. — Bricklaying System. — Fieldsystem und kürzlich: Primer of Scientific management. (London: Constable & Co., Bd. 1, 108 S. 1912.) Deutsche Ausgabe: Das ABC der wissenschaftlichen Betriebsführung, nach dem Amerikanischen frei übersetzt von Dr. Colin Ross. Berlin: Julius Springer 1917.

[3]) Sandford Thompson: Paiement différentiel des salaires aux pièces système Taylor. Engineering Magazine, London: S. 16 17—630, Januar 1900.

[4]) In den bedeutenden Vorworten zu den verschiedenen französischen Ausgaben der Taylorschen Bücher; ferner im Génie civil, 1913, und in „Technique moderne", Juni 1913. — Wir selbst haben eine Art Enquete über die Taylorsche Methode angeregt, indem wir die Zeitschrift „Technique moderne" veranlaßten, ihre Spalten den Persönlichkeiten zu öffnen, die sich mit dem Taylorsystem beschäftigt haben. Als erster hat H. Le Chatelier, in der Juninummer 1913, auf die Aufforderung geantwortet. Die Enquete hat jedoch den in sie gesetzten Hoffnungen nicht entsprochen. Sie ist von Beginn an, infolge persönlicher Polemiken zum Stillstand gebracht worden, die den aufgeworfenen Problemen nichts Neues hinzugefügt haben.

[5]) A. Wallichs: Über Dreharbeit und Werkzeugstähle. Berlin: Julius Springer 1908. Die Betriebsleitung. Berlin: Julius Springer 1912. — Taylors Erfolge auf dem Gebiete der Fabrikorganisation. Sonderabdruck aus der Zeitschrift Stahl und Eisen, Nr. 2 1912. — Eindrücke vom amerikanischen Maschinenbau. Sonderabdruck aus Werkstattechnik, H. 1 1219. — Taylors Untersuchungen über rationelle Dreharbeit. Sonderabdruck aus Stahl und Eisen, Nr. 29 u. 30, 1907.

10 Die Grundsätze von W. Taylor und ihre Verbreitung.

Einer gründlichen Kritik wurde das System in Amerika von Admiral J. Edwards[1]) unterworfen.

Taylor hat jedoch in Amerika begeisterte Anhänger, und man kann sagen, daß er Schule gemacht hat. Dies war übrigens sein Wunsch, da er Stipendien für diejenigen Ingenieure aussetzte, die sich einige Zeit bei ihm niederlassen wollten, um sein System zu studieren.

Eine von der Zeitschrift „The Journal of Political Economy" zur Untersuchung der allgemeinen Organisation der Arbeit durchgeführte Enquete, an welcher Männer wie Sandford E. Thompson[2]), C. Bertrand Thompson[3]), Frank Gilbreth[4]), H. P. Kendall[5]), Amasa Walker[6]), John P. Frey[7]), Hollis Godfrey[8]), Morris L. Cooke[9]), teilnahmen, hat ihr Untersuchungsgebiet auf das Taylorsystem beschränkt, wobei jeder wichtig erscheinende Punkt eingehend behandelt wurde. Trotz dem lebhaften Wunsche, den Wert und die Tragweite der Taylorschen Lehren genau zu bestimmen, gelangte jeder schließlich zu einer Art Glaubensbekenntnis, das einer von ihnen, M. L. Cooke, sogar unter einer mystischen Form zum Ausdruck brachte. Er schmückt die Taylorsche Philosophie aus und bringt sie mit den Lehren des Christentums und den Träumen der reinen Demokratie in Zusammenhang.

---

[1]) J. Edwards: The fetichism of scientific management. Journal of the American Society of Navals Engineers, Mai 1912.

[2]) Sandford E. Thompson: Time-Study and Tast Work. The Journal of Political Economy, S. 377—387, Mai 1913.

[3]) C. Bertrand Thompson: The relation to the scientific management to the Wage Problem. The Journal of Political Economy, S. 630—642, Juli 1913.

[4]) Frank B. Gilbreth: Units, Methods, and Devices of measurement under scientific management. The Journal of Political Economy, S. 618—629, Juli 1913.

[5]) H. P. Kendall: Systematized and scientific management. The Journal of Political Economy, S. 593—617, Juli 1913.

[6]) Amasa Walker: Scientific management applied to commercial enterprises. The Journal of Political Economy, S. 388—399, Mai 1913.

[7]) John P. Frey: The relationship of scientific management to labor. The Journal of Political Economy, S. 400—411, Mai 1913.

[8]) Hollis Godfrey: The Training of Industrial Engineers. The Journal of Political Economy, S. 493—499, Juni 1913.

[9]) Morris L. Cooke: The spirit and Social significance of scientific management. The Journal of Political Economy, S. 481—493, Juni 1913.

Die Grundsätze von W. Taylor und ihre Verbreitung. 11

Weder in diesen Artikeln noch in den anderen auf das Taylorsystem bezüglichen Arbeiten entdeckt man die methodische Analyse und die begründete Kritik. Ihr Wert ist in demselben Maße vermindert.

Wir haben uns nicht darauf beschränkt, die zur vorliegenden Untersuchung notwendigen Materialien den Arbeiten von W. Taylor und seiner Kommentatoren zu entnehmen. Wir legten vielmehr Wert darauf, an Ort und Stelle die Tätigkeit verschiedener Etablissements der Metallbranche zu verfolgen, um daselbst die Arbeitsbedingungen und Lohnmethoden kennen zu lernen. Auf diese Art und Weise konnten wir uns ein Urteil über den praktischen Wert der Anwendung des Taylorsystems in Frankreich bilden.

Das Studium der psychologischen und physiologischen Bedingungen der Arbeit wurde uns durch die Untersuchungen, welche wir seit 15 Jahren durchführen und die unter allen Umständen der Prüfung durch die Erfahrung unterlegen haben, wesentlich erleichtert.

Jede Beurteilung des Taylorsystems muß mit der Tatsache rechnen, daß es sich gegenwärtig einer ausnahmslosen Gunst erfreut. Insbesondere ist man in Europa geneigt, den gesamten industriellen Aufschwung Amerikas auf seine Anwendung zurückzuführen. Nichts ist jedoch weniger zutreffend, denn es hat bei weitem nicht die Organisation aller Betriebe beeinflußt und wird dort in gleicher Weise wie bei uns anerkannt und bekämpft. Wie Admiral J. Edwards betont, wird es nur in einer beschränkten Anzahl von Betrieben angewendet, in welchen man es nach wesentlichen Vereinfachungen beibehält[1]).

Die von W. Taylor auf dem Gebiete der industriellen Arbeit eingeführten Reformen gehen nicht weiter als 15 Jahre zurück. Zu Beginn erkannte man ihre Tragweite nicht. Die zu diesem Zeitpunkt veröffentlichten Studien schienen lediglich dem neuen, in Vorschlag gebrachten Lohnsystem Interesse entgegenzubringen. Bei Anlaß der neuen Auflage des Buches über wissenschaftliche

---

[1]) J. Edwards: The fetichism of scientific management. Journal of the American Society of Navals Engineers, Mai 1912. — Die kürzliche, im Vorwort dieser Arbeit erwähnte Enquete von Prof. Hoxie bestätigt in verschärfendem Sinne die Schlußfolgerungen von J. Edwards.

Betriebsführung wurde nur die Einführung der Zeitstudie bemerkt, die ursprünglich unbemerkt geblieben war.

Diese Kurzsichtigkeit hat diejenigen, welche das System beurteilen oder anwenden wollten, zu einer Verunstaltung des allgemeinen Grundsatzes geführt, welche fast immer die wichtigste Ursache der Feindschaft und Meinungsverschiedenheiten dem Taylorsystem gegenüber bildete. Die Irrtümer in der Auslegung sind — man muß es wohl sagen — zum Teil durch W. Taylor selbst verschuldet. Seine Bücher sind weit davon entfernt, nach einem klaren Plane verfaßt zu sein; seine Ideen sind unaufhörlichen Wiederholungen ausgesetzt und zuweilen widerspruchsvoll; häufig vermischt Taylor den Sinn von Worten, die weit davon entfernt sind, sinnverwandt zu sein. Vielleicht hat er auch den Fehler begangen, nicht alle praktischen Umgestaltungen, zu welchen er gelangt ist, in Erwähnung zu bringen und zu viel unbewiesene allgemeine Ideen zu vertreten.

Die Anwendung des Systems in Europa geht auf das Jahr 1905 zurück, wo die Betriebe J. Hopkinson and Co. in Hiddersfield (England), welche es soeben eingeführt hatten, von den Mitgliedern des „Iron and Steel Institute" besucht und studiert wurden. Die Folge dieses Besuches war die Verbreitung der Grundsätze von W. Taylor in England. Sie scheinen jedoch in den letzten Jahren keine großen Fortschritte gemacht zu haben und A. Hobson hat sie sogar kürzlich in einem Artikel der „Sociological Review" bekämpft[1]).

Verschiedene Betriebe in Deutschland haben das System Taylors mit mehr oder weniger Erfolg angewendet. In einem Vortrag, den der Leiter der großen Werke für mechanische Konstruktionen, Borsig in Tegel-Berlin, im Schoße des Vereins deutscher Ingenieure hielt, mußte dieser zugestehen, daß die Arbeiter, trotz ihrer gewohnheitsmäßigen Unterwerfung unter die

---

[1]) J. A. Hobson: Scientific management. Sociological Review, Juli 1913. Der Verfasser, auf die Leichtigkeit, mit welcher die Industriellen und vorläufig die Arbeiter große Gewinne aus der Anwendung des Taylorismus ziehen können, hinweisend, weist nach, daß dies zur Folge haben wird, daß Rücksichten auf das allgemeine Interesse und die individuelle Freiheit, die tatsächlich durch das System verletzt werden, ihre Rolle einbüßen.

Die Grundsätze von W. Taylor und ihre Verbreitung.

ihnen auferlegten Arbeitsbedingungen das Taylorsystem sehr schlecht aufnehmen[1]).

Eine heftige Kontroverse, die zwischen einem Physiologen, Dr. Sachs[2]) und A. Wallichs[3]) stattfand, brachte den Beweis, daß in Deutschland die Meinungen ebenso geteilt sind wie anderswo. Während sich der Physiologe mit Kraft gegen die Gefahr erhebt, die das neue System für den menschlichen Organismus nach sich zieht, behauptet der Ingenieur, daß Taylor und seine wirklichen Anhänger die Erhaltung der Gesundheit des Arbeiters zu ihrer fortwährenden Sorge gemacht haben. Wir werden weiter unten sehen, wie man über den Wert dieser Behauptungen zu denken hat.

In der 54. Jahresversammlung des Vereins deutscher Ingenieure in Leipzig bildete das Taylorsystem den Gegenstand bedeutender Vorträge, wobei Dodge, Colin-Ross und Schlesinger aus Berlin die dem System vorgeworfenen Übeltaten, insbesondere die Schädigung gesundheitlicher und materieller Interessen der Arbeiterschaft bestritten, und ein Amerikaner, Gantt, sogar die Behauptung aufstellte, daß die nach den Grundsätzen von W. Taylor ausgeführte Arbeit den Arbeiter adle. Dieser Verein, welcher mehr als 25000 Mitglieder zählt und in ihren Kongressen Ingenieure aus der ganzen Welt vereinigt, hat somit eine rege Propaganda zugunsten des Taylorsystems getrieben[4]).

Es muß übrigens hervorgehoben werden, daß die über die Taylorsche Arbeitsmethode gefällten Urteile je nach den Schwierigkeiten, auf die man bei der Rekrutierung der Arbeiter stößt und

---

[1]) Vgl. Zeitschrift des Vereins deutscher Ingenieure, 8. März 1913.
[2]) Dr. Sachs: Ein System zur Auspressung der Menschenkraft. Frankfurter Zeitung, 2. Februar 1913.
[3]) A. Wallichs: Das Taylorsystem. Frankfurter Zeitung, 23. Februar 1913.
[4]) Diese Ansicht des Verfassers geht zu weit. Der Verein deutscher Ingenieure hat für das Taylorsystem keine Propaganda getrieben; vielmehr ist dasselbe auf der 54. Hauptversammlung des Vereins mit großer Sachlichkeit erörtert worden, wobei zahlreiche Votanten auf dessen Gefahren und Lücken hingewiesen haben. Vgl. Industrielle Betriebsführung von James Mapes Dodge. Betriebsführung und Betriebswissenschaft von Prof. G. Schlesinger. Sonderabdruck aus Technik und Wirtschaft, 1913, H. 8. Berlin: Julius Springer 1913. (Der Übersetzer.)

der Aufrichtigkeit der Betriebsleiter, die sie in Anwendung bringen, verschieden sind. In Frankreich haben einige Industrielle, durch das System und dessen scheinbar sehr einfaches Verfahren geblendet, dasselbe, einige ohne die geringste Einschränkung und Kritik, andere mit groben Verunstaltungen, eingeführt, so sehr, daß sich die Arbeiter mit Kraft gegen diese Arbeitsmethode auflehnten und eine Reihe von Streiks den Konflikt auf das Gebiet der sozialen Kämpfe brachte.

Was die Gelehrten anbelangt, welche seit Jahren die isolierten Anstrengungen der Physiologen, Psychologen und Ingenieure verfolgten, um die Grundlagen einer wissenschaftlichen Organisation der beruflichen Arbeit zu errichten, so waren diese ob der plötzlichen Gunst erstaunt, die in Europa einem System entgegengebracht wurde, dessen Wirkungsweise nur sehr wenigen bekannt war, während streng wissenschaftliche Untersuchungen, die früher durchgeführt worden waren, keinerlei praktische Bedeutung erlangt hatten. Und doch hätten diese letzteren mehr zu erreichen erlaubt, wie wir selbst gern hätten glauben mögen, als Taylor entdeckt hatte, nämlich: **ein Maximum von Nutzeffekt der Arbeit mit einem Minimum von Ermüdung für den Arbeiter.**

Um aber aus den Forschungsarbeiten der Gelehrten, die sich seit langem mit solchen Untersuchungen beschäftigt haben, alles das zu ziehen, was von ihnen erwartet werden konnte, hätte man den Betrieben Ingenieure und Biologen angliedern und diese in der Erreichung ihres Zieles auf wirksame Weise unterstützen müssen; demzufolge hätte man die veralteten Methoden umgestalten, mit der Routine brechen, Kapitalien anlegen, mit andern Worten, Risiken übernehmen müssen. Der französische Industrielle ist nun aber schwer zu solchen Kühnheiten zu bewegen. Er zog es deshalb vor, die Verfahren der Neuen Welt zu übernehmen und diese so gut es ging der bestehenden Betriebsorganisation anzupassen.

Lange vor Taylor waren unsere Biologen der Ansicht, daß man vom Arbeiter eine gesteigerte Leistung erlangen könne, wenn man mit Erfolg eine experimentelle Untersuchung der Berufstechnik durchgeführt hätte. Jedoch trennten sie diese Untersuchung nicht von der Ermittlung der der menschlichen Arbeit günstigsten Bedingungen.

Ferner erbrachte ein französischer Nationalökonom, André Liesse, im Jahre 1899 in seinem Buche: „Le travail aux points de vue scientifique, industriel et social" den Nachweis, daß den psychologischen Bedingungen der Berufstätigkeit eine der ersten Stellen in der rationellen Organisation der Arbeit zukomme. Dieses Buch, welches man mit gutem Recht als klassisch bezeichnen könnte, hätte Taylor eine Menge nützlicher Anregungen geben können.

In Amerika haben die Industriellen die Lösung des Problems in ganz anderer Weise ins Auge gefaßt. Da das Ziel darin bestand, Industrien mit großer Leistungsfähigkeit ins Leben zu rufen, wurde der Arbeiter zum integrierenden Bestandteil des ökonomischen Organismus gemacht. Da er in dem Umfange, als er gut angelernt war, sich als nutzbare Maschine erwies, wurde er zwangsweise dem System der intensiven Produktion angepaßt. Die vorgefaßten Meinungen physiologischer Natur mußten mithin den mechanischen Notwendigkeiten den Vorrang lassen. Man ließ sie bloß auftreten, um den guten Stand der Dinge darzutun; und doch besitzt Amerika, wo die zu wissenschaftlichen Zwecken ausgeworfenen Geldmittel die unsern weit überschreiten, wohleingerichtete Laboratorien, in welchen man mit Leichtigkeit umfangreiche Enqueten über den physischen Zustand der Arbeiter vor und nach der Arbeit durchführen könnte, um die durch die berufliche Anstrengung bewirkte Ermüdung zu messen.

Die beiden Gesichtspunkte — wissenschaftlicher und utilitaristischer —, wenn sie auch scheinbar demselben Zwecke dienen, sind zu gegensätzlich, um miteinander verbunden werden zu können. Verschiedenen Zivilisationen müssen auch verschiedene Einrichtungen entsprechen. Es war deshalb vorauszusehen, daß die Einführung des amerikanischen Systems im ganzen sich bei uns nicht ohne Schwierigkeiten vollziehen würde.

Bevor nun die Konflikte umfangreichere und heftigere Formen annehmen und um das Gute in den Neuerungen von W. Taylor auf dauernde Weise zu sichern, haben wir es für nützlich erachtet, eine objektive Untersuchung des Systems und seiner Anwendungen durchzuführen. Ferner werden wir, wenn wir als Grundlage die von W. Taylor verwendeten Verfahren nehmen, die Möglichkeit erlangen, die durch ähnliche Untersuchungen auf dem Gebiete der Organisation der Arbeit gefundenen Ergebnisse anzuführen und gleichzeitig die große Tragweite der Benutzung der Forschungsergebnisse der physiologischen und psychologischen Wissenschaft in allen auf die menschliche Arbeit in der industriellen Tätigkeit bezüglichen Fragen darzutun. Wenn dank dem Beispiel Taylors die Vorurteile der Industriellen überwunden werden könnten, so würde dies nicht das geringste Ergebnis der Bestrebungen des amerikanischen Ingenieurs sein.

Es hat übrigens den Anschein, als ob die Anhänger und Gegner des Systems nicht immer auf dieselben Tatsachen anspielen. Dies, weil das Taylorsystem so zahlreiche, in der industriellen Praxis zerstreute Elemente zu einem Ganzen zusammengefaßt hat, daß man nicht genügend im klaren war, welches eigentlich der Mittelpunkt des Systems ist. So macht R. Woldt[1]) darauf aufmerksam und liefert den Beweis, daß alle die von W. Taylor zur Verbesserung der Betriebstechnik empfohlenen Maßnahmen in Deutschland getroffen wurden, bevor man die amerikanischen Grundsätze kannte, und G. Werner[2]) weist nach einer sehr objektiven und lobenden Darstellung des Taylorsystems auf die Gefahren einer bis ins Extrem getriebenen Spezialisierung hin. Wenn es empfehlenswert ist, bemerkt er, die Löhne zu steigern und sogar die Dauer der Arbeitszeit einzuschränken, so ist es fraglich, ob diese Vorteile den Nachteil für den Arbeiter, zu einer Maschine ohne intellektuelle Tätigkeit herabgedrückt zu werden, ausgleichen.

Desgleichen liefert A. Wallichs — übrigens ohne es zu wollen — den Beweis, daß er das System weder in seiner Gesamtheit erfaßt, noch das alle seine Elemente vereinigende Band erkannt hat, wenn er der peinlichen Ordnung, die in den von W. Taylor reorganisierten Werkstätten herrscht, mehr Bedeutung zuschreibt, als der Erhöhung der Geschwindigkeit der Bewegungen[3]).

---

[1]) R. Woldt: Das Taylorsystem. Korrespondenzblatt der Generalkommission der Gewerkschaften Deutschlands, 5. Juli 1913.
[2]) G. Werner: Das Taylorsystem. Korrespondenzblatt der Generalkommission der Gewerkschaften Deutschlands, 10. Mai 1913.
[3]) Wallichs: Moderne amerikanische Fabrikorganisationen (System Taylor). Technik und Wirtschaft, Jg. 5, H. 1, 1912.

Zweites Kapitel.
Die Definition des Systems nach W. Taylor.

Man bezeichnet als Taylorsystem eine Gesamtheit praktischer Regeln, die in den Arbeitsmodus eingeführt worden sind, und welche zum Endziel die maximale Leistungsfähigkeit des Betriebs haben. Die „Zeitstudien" bilden bloß ein Element der Methode, dessen Bedeutung jedoch so groß ist, daß das falsch unterrichtete Publikum, sowie gewisse Industrielle, die sich allzusehr beeilten, den Gewinn der Überproduktion zu ernten, und sogar Vertreter der Wissenschaft, die einen Teil für das Ganze hielten, in denselben den Mittelpunkt des Systems sahen. Fr. W. Taylor bestimmt übrigens selbst die wichtigsten Merkmale seiner Methode auf folgende Weise:

„Betriebs- und Arbeitsmethoden auf wissenschaftlicher Grundlage verlangen nicht notwendigerweise große Erfindungen oder die Entdeckung von neuen epochemachenden Tatsachen. Sie verlangen jedoch eine Kombination einzelner Momente, wie man sie früher nicht verwirklicht hatte, nämlich: altererbtes Wissen so gesammelt, analysiert, gruppiert und in Gesetze und Regeln gebracht, daß eine richtige Wissenschaft daraus wird; dazu ein vollständiger Wechsel in der Auffassung von Pflicht, Arbeit und Verantwortlichkeit bei den Arbeitern sowohl wie bei der Leitung. Daraus ergibt sich eine neue Verteilung der Pflichten zwischen den beiden Parteien und ein inniges Zusammenarbeiten in einem Umfange, wie es unter dem alten Betriebssystem unmöglich ist. Und in vielen Fällen könnte selbst das alles ohne die Hilfe des Mechanismus, welcher sich allmählich herausgebildet hat, nicht existieren.

Nicht die einzelnen Faktoren und Elemente, sondern vielmehr diese ganze Kombination machen das neue System aus, das man also mit folgenden Schlagworten charakterisieren kann:

„Wissenschaft, keine Faustregeln."

„Harmonisches Zusammenarbeiten, nicht Uneinigkeit und Gegensätze."

„Arbeitsteilung und Handinhandarbeiten, nicht individuelle Selbständigkeit."

„Maximale Produktion an Stelle von beschränkter Produktion."

„Weiterbildung jedes einzelnen zur größten Leistungsfähigkeit, vorteilhaftesten Kraftverwaltung (efficiency) und höchsten Prosperität[1]."

Allerdings hat Taylor am Schlusse dieses Paragraphen den Fehler begangen, die Methode und deren Resultate zu verwechseln[2]); aber sein Gedanke tritt nichtsdestoweniger klar hervor: es sind die Beziehungen zwischen den Arbeitern und der Betriebsleitung, die einer Umgestaltung bedürfen. Die heute bestehende Hierarchie muß ersetzt werden durch eine Kooperation. Die Theorie ist nicht neu, ist jedoch von Taylor auf praktische Grundlagen gestellt worden:

„ ... die erzielten bemerkenswerten Resultate lassen sich auf folgende Maßnahmen zurückführen:

1. Die Aufstellung einer wirklichen Wissenschaft statt des individuellen Urteils des Arbeiters.

2. Die systematische Auslese der Arbeiter.

3. Ihre wissenschaftliche Erziehung und Weiterbildung, die es ihnen ermöglicht, die Wahl ihres Weges nicht dem Zufall zu überlassen.

4. Inniges Zusammenarbeiten zwischen Leitung und Arbeitern, wobei nach wissenschaftlichen Gesetzen verfahren wird und man nicht ohne weiteres einem jeden die Lösung jeden Problems überläßt."

„Arbeit und Verantwortung verteilen sich fast gleichmäßig auf Leitung und Arbeiter. Die Leitung nimmt alle Arbeit, für die sie sich besser eignet als der Arbeiter, auf ihre Schulter, während bisher fast die ganze Arbeit und der größte Teil der Verantwortung auf die Arbeiter gewälzt wurde" (S. 39).

Diese Schlußfolgerung erscheint um so auffallender, als sie nach einer Studie über den Schnelldrehstahl kommt, wo uns Taylor eine sehr sinnreiche Einrichtung beschreibt, die eine Beantwortung der zwei Fragen, welche sich jeder Mechaniker stellt, wenn er eine Arbeit an einer Werkzeugmaschine, Drehbank, Hobel- oder Bohrmaschine unternimmt, erlaubt:

---

[1]) F. W. Taylor: Die Grundsätze wissenschaftlicher Betriebsführung. Deutsche autorisierte Ausgabe von Dr. R. Roesler, S. 151, München und Berlin. 1917.

[2]) Eine derartige Verwirrung trifft man fortwährend im Werke an. Dies erklärt die Irrtümer, zu welchen seine Auslegung geführt hat.

Die Definition des Systems nach W. Taylor.

1. „Mit welcher Schnittgeschwindigkeit soll ich meine Maschine laufen lassen?"
2. „Welchen Vorschub, d. h. welche Spanbreite, soll ich nehmen, um die Arbeit in der kürzesten Zeit zu verrichten?"

W. Taylor hat auf die bestimmteste Art und Weise auf diese Fragen geantwortet, indem er einen Rechenschieber konstruierte, in welchem zwölf Veränderliche[1]) einbezogen sind, die einen bedeutenden Einfluß auf die zu erzielenden Ergebnisse ausüben.

Jedermann kennt soweit die Handhabung des gewöhnlichen Rechenschiebers, um den Nutzen eines Instrumentes dieser Art, welches von dem Arbeiter keine mathematischen Kenntnisse beansprucht, zu verstehen.

Daraus schloß Taylor auf die Notwendigkeit einer Mitwirkung der Betriebsleitung an der Tätigkeit des industriellen Arbeiters. In der Tat haben die Untersuchungen, die zur Konstruktion des vorhin erwähnten Rechenschiebers führten, zwanzig Jahre gedauert, die Konstruktion von zehn verschiedenen Maschinen nötig gemacht, auf welchen 30—50000 Versuche, unter Benutzung von 400 Tonnen Eisen und Stahl, angestellt wurden; die Gesamtkosten beliefen sich auf eine Million Franken. Mathematiker von Ruf wurden herangezogen, um die Tatsachen zu untersuchen und dieselben in Gesetze zusammenzufassen, welche ihrerseits auf praktische Art und Weise durch die Benutzung des Rechenschiebers ausgelegt wurden.

---

[1]) Diese zwölf Veränderlichen sind: Die Qualität des Metalls, das bearbeitet werden soll, d. h. seine Härte oder sonstigen Eigenschaften, die die Schnittgeschwindigkeit beeinflussen. Die chemische Zusammensetzung des Stahls, aus dem das Werkzeug hergestellt, und die Hitze, bei der das Werkzeug gehärtet ist. Die Spanstärke, d. h. die Stärke des spiralförmigen Metallstreifens oder Metallbandes, der durch das Werkzeug abgeschält werden soll. Die Form oder Außenkante der Schneidfläche des Werkzeugs. Die Frage, ob Wasser oder andere kühlende Substanzen reichlich verwendet werden. Die Spanbreite. Die Schneidedauer, d. h. die Zeit, während der ein Werkzeug schneidefähig bleiben muß, ohne nachgeschliffen zu werden. Der Schneidewinkel des Werkzeugs. Die Elastizität des Arbeitsstücks und des Werkzeugs. Der Durchmesser des Guß- oder Schmiedestückes, das bearbeitet werden soll. Der Druck des Stahls auf die Schneidfläche des Werkzeugs. Die Durchzugskraft, die Geschwindigkeits- und Vorschubswechsel der Maschine.

Die Definition des Systems nach W. Taylor.

Dies stellt also den Anteil dar, den die Betriebsleitung an der Kooperation hat. Worin besteht nun der Anteil des Arbeiters? Außer seiner Handarbeit muß er sich den Normen, welche die Ausnutzung seiner Kraft beherrschen, unterwerfen, sobald dieselben von der Betriebsleitung entdeckt werden. Wer wird nun aber die Kraft des Arbeiters ermitteln, die Tatsachen sammeln und dieselben in Form von Gesetzen ausdrücken? Und auf welche Weise wird diese Arbeit durchgeführt werden?

W. Taylor stellt die allgemeinen Regeln fest, nach welchen die Untersuchungen durchgeführt werden müssen:

„1. Man suche 10 oder 15 Leute (am besten aus ebensoviel verschiedenen Fabriken und Teilen des Landes), die in der speziellen Arbeit, die analysiert werden soll, besonders gewandt sind.

2. Man studiere die genaue Reihenfolge der grundlegenden Operationen, welcher jeder einzelne dieser Leute immer wieder ausführt, wenn er die fragliche Arbeit verrichtet, ebenso die Werkzeuge, die jeder einzelne benutzt.

3. Man messe mit der Stoppuhr die Zeit, welche zu jeder dieser Einzeloperationen nötig ist, und suche dann die schnellste Art und Weise herauszufinden, auf die sie sich ausführen läßt.

4. Man schalte alle zeitraubenden und nutzlosen Bewegungen aus.

5. Nach Beseitigung aller unnötigen Bewegungen stelle man die schnellsten und besten Bewegungen, ebenso die besten Arbeitsgeräte tabellarisch in Serien geordnet zusammen" (S. 125—126).

Hier erscheinen nun die Zeitstudien. Sie bilden das Hauptelement der Methode, aber keineswegs das einzige. Es wäre übrigens ungerecht, W. Taylor für alle Fehlschläge verantwortlich zu machen, die durch den ausschließlichen Gebrauch der Zeitstudien bewirkt werden. Er hat sie vorausgesehen und macht diejenigen dafür verantwortlich, die sie durch ihr unvorsichtiges Vorgehen verschuldet haben:

„Wenn man jedoch die innere Philosophie des Betriebes unberücksichtigt läßt und nur die Mittel zum Zweck, den äußeren Mechanismus, wie Zeitstudien, Einrichtung von Spezialmeistern usw. einführt, dann sind die Folgen oft recht verhängnisvoll. Unglücklicherweise begegnen sogar Leute, welche durch das Prinzip des wissenschaftlich-methodischen Betriebs sich verlocken lassen, oft ernsten Schwierigkeiten und manchmal Ausständen mit nachfolgendem Bankerott, wenn sie zu unvermittelt von dem alten System zum neuen übergehen und nicht auf die Warnungen derjenigen hören, die eine jahrelange Erfahrung in der Vornahme solcher Veränderungen besitzen" (S. 140—141).

Er selbst beschreibt genau die Art des Vorgehens, die die Einführung seiner Methode ermöglicht.

Ein besonderer Fachmann bereitet zum voraus in allen Einzelheiten die Arbeit eines jeden einzelnen Arbeiters vor. Angestellte, die in einem dieser Aufgabe dienenden Bureau tätig sind, verfolgen auf Diagrammen und Plänen die Benutzung jedes Arbeiters, indem sie über diese verfügen wie über die Figuren eines Schachbretts. Ein besonderes System von Fernsprechern und Boten ist zu diesem Zweck organisiert. Die Arbeit vollzieht sich somit nicht mehr mannschaftenweise, sondern mittels der verständigen und methodischen Ausnutzung der Kräfte, über die jeder Arbeiter — einzeln betrachtet — verfügt.

Da der Arbeiter nicht in der Lage ist, selbst das Maß der für eine bestimmte Arbeit auszugebenden Kräfte zu bestimmen, fällt diese Aufgabe vielmehr der Betriebsleitung zu, und es empfiehlt sich, jedem Arbeiter einen Instruktor zur Seite zu stellen, der ihm Anweisungen gibt, wie er seine Arbeit ausführen muß, ihn aufmuntert und gleichzeitig seine Fähigkeiten beobachtet.

Nach Taylor verwendet die neue Organisation
1. ein Personal, welches mittels der Zeitstudien die „Wissenschaft der Arbeit" entwickelt;
2. ein hauptsächlich aus geschickten Arbeitern zusammengesetztes Personal, welches seine Arbeitsgenossen anlernt, über alles instruiert und aushilft;
3. ein Personal, welches die Arbeiter mit den nötigen Werkzeugen versieht und deren Unterhalt sichert;
4. endlich Angestellte, welche die Arbeit vorbereiten und sie derart verteilen, daß die Arbeiter möglichst wenig Zeit verlieren, und die endlich die Zeitersparnis eines jeden einzelnen Arbeiters registrieren. Dies stellt ein elementares Beispiel des Zusammenwirkens zwischen Betriebsleitung und Arbeiter dar[1]).

Die Resultate der Einführung des Taylorsystems in Amerika sind nach seinem Schöpfer die folgenden gewesen: 50000 Arbeiter

---

[1]) W. Taylor: Grundsätze. S. 38—39.

arbeiten nach den neuen Methoden; sie erhalten 30—100% mehr Lohn als ihre Genossen in den Nachbarbetrieben. Die Leistung pro Mann und Maschine hat sich verdoppelt; die Gesellschaften gedeihen besser als je zuvor; kein einziger Ausstand ist ausgebrochen und die herzlichste Sympathie herrscht zwischen Arbeitgeber und Arbeiterschaft.

Trotz dieser glänzenden Ergebnisse und der großen Zahl der in der Taylormethode enthaltenen vortrefflichen Grundsätze können wir sie nicht ohne vorgängige Überprüfung und kritische Untersuchung annehmen. Diese Vorbehalte erscheinen uns um so berechtigter, als die vor Kriegsausbruch in Frankreich getätigten Anwendungen des Systems zu Protesten und sogar Ausständen der Arbeiterschaft geführt haben.

In unserer Darstellung des Taylorsystems haben wir uns so viel wie möglich an die Gedanken seines Schöpfers gehalten. Es erscheint nun angebracht, über diese analytische Darstellung hinauszugehen und an die objektive Untersuchung der Methode und ihrer Anwendungen zu gehen.

Was dem großen Publikum und den Spezialisten beim Lesen des Buches von W. Taylor am meisten aufgefallen ist, ist die methodische Untersuchung der Arbeit der Eisenträger und die Verbesserungen, zu denen er gelangte.

Eine derartige Arbeit aber — bei welcher der Mensch eine außerordentliche Muskelanstrengung leisten muß — hat die Tendenz, infolge der zunehmenden Anwendung der Maschinen zu verschwinden. Man muß sich deshalb darüber wundern, daß ein derartiger findiger Geist wie Taylor so viel Zeit und Kräfte opferte, um eine im Verschwinden begriffene Technik zu verbessern.

Die Tatsache ist schon mehrfach angeführt worden, und es wird uns genügen, um die rasche Entwicklung der maschinellen Technik und ihre Ausdehnung auf alle industriellen Arbeiten darzutun, auf die von der Zeitschrift „La technique moderne" veranstaltete Enquete zu verweisen. Während zu Beginn des 19. Jahrhunderts die gebräuchlichen Hebewerkzeuge bloß einige Hebel, Kolben, mechanische Winden umfaßten, verfügen wir heute über pneumatische, hydraulische und elektrische Apparate, welche Lasten von 200 Tonnen und mehr zu heben imstande sind, und welche die ungeheuren Lasten auf weite Entfernungen fortschleppen, um sie an Ort und Stelle mit ebenso großer Leichtigkeit und Präzision als Sachtheit niederzulegen[1]).

Zur Verladung der Roheisenbarren in den Hochöfen benutzt man — unter anderen Systemen — mächtige „Hebemagnete", welche die Barren hochheben und sie auf den bereitstehenden Eisenbahnwagen verladen. Ohne Zweifel wäre es möglich gewesen, ein ähnliches mechanisches Verfahren in den Bethlehem-Betrieben zur Anwendung zu bringen. W. Taylor hat es nicht versucht; wir machen ihm daraus keinen Vorwurf, weisen aber darauf hin, daß er eines seiner kräftigsten Argumente der Reform einer Technik entlehnt hat, die im Verschwinden begriffen ist, und daß es notwendig ist, will man seine Grundsätze auf Arbeiten anderer Natur anwenden, zu berücksichtigen, daß sie weitaus komplizierter sind und die Anwendung auf anderen Gesetzen beruhender Methoden erheischen. Der „Ochse" — um den Ausdruck, den Taylor selbst für die Lastträger verwendet, zu gebrauchen — wird in der modernen Arbeit durch einen Mechaniker ersetzt, dessen Tätigkeit darin besteht, die Maschine zu beaufsichtigen. Die an ihn gestellten Anforderungen sind somit ganz anderer Natur, denn seine Tätigkeit setzt nicht mehr seine Muskelleistung ins Spiel, sondern erheischt Aufmerksamkeitsleistungen, Urteil und eine neuartige motorische Anpassung. Die aus seiner anhaltenden Anstrengung psychischer Natur sich ergebende Ermüdung kann nicht der Muskelermüdung gleichgesetzt werden.

Allerdings hat W. Taylor bei der Untersuchung der Arbeit der Kugelprüferinnen die Bedeutung der Aufmerksamkeitsleistung in den modernen Berufsarten konstatiert; aber er war außerstande, die verwickelte Natur dieser Arbeiten zu erkennen und die Grundsätze zu ihrer rationelleren Ausführung zu entdecken. Man kann sein Erstaunen kaum unterdrücken, daß er in einem Buch, in welchem er sich die Aufgabe stellt, die Grundsätze wissenschaftlicher Betriebsführung zu entwickeln, die Arbeit des Mechanikers nur nebenbei erwähnt, für welche doch die Feststellung der Grundlagen einer rationellen Organisation von höchstem Interesse wäre.

---

[1]) Les appareils de levage, de transport et de manutention mécanique. Bd. 1, 180 S., 426 Figuren. Bibliothèque de la Technique moderne. H. IV, 1911.

Im Gegenteil legt er ein Hauptgewicht auf die Rationalisierung der Handlangerarbeit bei Lastträgern, Schaufelarbeitern, welche allerdings zu Demonstrationszwecken sehr gut gewählt sind, läßt aber mit Absicht die Justierungsarbeiten beiseite, welche höhere geistige Fähigkeiten erfordern. Man muß seine früheren Veröffentlichungen zu Rate ziehen, um in bezug auf diesen Punkt einige Aufklärungen zu erhalten.

Stellen wir uns auf den Standpunkt der modernen Industrie, so können wir drei Ursachen der Wirksamkeit des Taylorsystems anführen:

1. Die Auslese der Arbeiter, mit welcher notwendigerweise jede Neueinführung der Methode beginnt.

2. Die dem Arbeiter durch das Mittel der Zeitstudien und des Lohnsystems auferlegte maximale Leistung.

3. Die Gesamtheit der administrativen Maßnahmen, welche im Betriebe die rationelle Verwendung der Zeit und die Verwendung der mechanischen und menschlichen Kräfte bewirkt.

Wir werden diese Momente einzeln für sich betrachten, um ihren Wert zu bestimmen.

Drittes Kapitel.

Wissenschaftliche Bewegungs- und Zeitstudien.

Der Gedanke, die beruflichen Bewegungen des Arbeiters zwecks Ermittlung des Wertes seiner Leistung zu messen, ist keine Neuerung, die Taylor allein für sich in Anspruch nehmen kann. Vielmehr hat er in der Verfolgung dieses Zieles — übrigens berühmte — Vorgänger gehabt, deren Arbeiten in Erinnerung gebracht werden müssen.

Der erste, der den Gedanken gehabt hat, den Lohn von Arbeitern, die mit der Erdfuhr beim Festungsbau beschäftigt waren, mit Hilfe genauer Zeitstudien zu regeln, war der bekannte französische Minister Vauban. Da ein Reglement, welches im Elsaß zur Feststellung des durch die Unternehmer an die mit dem Erdtransport beschäftigten Arbeiter zu bezahlenden Lohnes bestand, zu Streitigkeiten geführt hatte, organisierte Vauban, um den Konflikt beizulegen, Experimente zur genauen Ermittlung der Leistung in Rücksicht auf die zu bewegende Last und zurückgelegte Entfernung. Es ist dies unseres Wissens der erste experimentelle Versuch der rationellen Festlegung der Löhne[1]). Man kann sich beim Durchlesen der Vaubanschen Arbeit darüber vergewissern, welchen praktischen Sinn und genaue Methode der Vorgänger von W. Taylor besaß.

Etwas später bestimmte Bélidor, zweifellos durch die Arbeit Vaubans angeregt, mit bemerkenswerter Genauigkeit die für die verschiedenen, beim Einschlagen von Grundpfählen notwendigen Operationen beanspruchte Zeit. Er gelangt zu dem Schlusse, daß „eine Glocke (die in der Lage ist, bloß 6 Grundpfähle einzuschlagen, bewirkt, daß die Arbeit eines jeden auf 6 Pfund 10 s 8 d zu stehen kommt), wenn sie durch die Kraft von 16 Mann gezogen wird, von denen ein jeder pro Tag 20 Sols und ebensoviel pro Nacht erhält und die durch zwei Zimmermanngesellen, die pro Tag 36 Sols und ebensoviel für die Nacht erhalten, geführt werden"[2]).

Man wird einwenden, daß dieses Verfahren zur Bestimmung des Preises der Arbeit, welches die Tendenz hat, sich gegenwärtig auf alle industriellen Betriebe auszudehnen, nicht mit den Taylorschen Zeitstudien verwechselt werden darf, da es nicht den Zweck verfolgt, dem Arbeiter Verbesserungen der beruflichen Technik aufzuerlegen. Dies mag zutreffend sein, aber andere haben vor ihm diese Lücke ausgefüllt.

Den Wert einer Bewegung vom Standpunkt der Dauer, Richtung und Zweckmäßigkeit derselben zu untersuchen, stellt für den Physiologen das Mittel dar, die Muskeltätigkeit des Menschen zu vervollkommnen. Vor mehr als 30 Jahren hat Marey die Methode geschaffen, welche diese Untersuchung ermöglicht, und hat sie zu einem Grade der Vollkommenheit entwickelt, der seither nicht mehr überschritten worden ist.

---

[1]) Wir verfügten nicht über den Text von Vauban, aber Bélidor gibt in seiner Arbeit: La science des ingénieurs dans la conduite des travaux de fortification et d'architecture civile (3. Buch, S. 35—43, Paris 1729) den genauen Text des ursprünglichen Reglements sowie die Kritik und die Untersuchungen Vaubans wieder, und C. A. Coulomb, in seinem am 24. Februar 1798 der Académie royale des sciences unterbreiteten „Mémoire sur la force des hommes" nimmt diese Vorschläge wieder auf und überträgt sie auf moderne Maßnahmen.

[2]) Bélidor: Architecture hydraulique ou l'art de conduire, d'élever et de ménager les eaux pour les différents besoins de la vie. 2. Teil, Bd. 1, Kap. VI, S. 111—112 (Paris 1750).

Die Erfindung der Chronophotographie der Bewegungen, die wir Marey verdanken, zählt unter die fruchtbarsten unserer Zeit, und man wird dies leicht zugeben, wenn man sich daran erinnert, daß sie mit der Erfindung des Kinematographen und der wissenschaftlichen Untersuchung der menschlichen Bewegungen in der beruflichen Arbeit zusammenfällt.

Durch unseren Hinweis auf diese Entdeckungen glauben wir keineswegs eine lange Zeit verborgene Wahrheit ans Tageslicht zu ziehen, da die Arbeiten von Marey allgemein bekannt sind und es heutzutage keinen einzigen Gelehrten gibt, der nicht sein klassisch gewordenes Werk: Die graphische Methode[1]), kennt, in welchem alle diesbezüglichen Tatsachen in einer wunderbar klaren Sprache behandelt sind.

Man wird einerseits in der „graphischen Methode" die stufenweise Entwicklung der experimentellen Technik zur Chronophotographie dargestellt finden, die Analyse der Bewegungen beim Marsch, beim Sprung, im Lauf (Abb. 1) und anderseits, in den späteren Abhandlungen Mareys, seine auf die Anwendung dieser Methode auf die Untersuchung der Bewegungen in der beruflichen Arbeit bezüglichen Ansichten. „In den ververschiedenen manuellen Berufstätigkeiten, bemerkt er, muß die beste Ausnutzung der menschlichen Kraft Untersuchungen derselben Natur unterworfen werden. Man wird danach trachten müssen, die Kraftanwendung gleichmäßiger und anhaltender zu gestalten, und zu diesem Zwecke wird die Verwendung von sehr präzisen Apparaten notwendig sein. Es bestehen bereits einige Apparate dieser Art; so habe ich ein Verfahren entdeckt, welches erlaubt, jeden Hobelschlag sowie jeden Stoß an der Säge des Schreiners in Rücksicht auf die geleistete Arbeitsmenge zu registrieren. Auch die Arbeit des Schmiedes eignet sich zu genauen Messungen, und es besteht kein Zweifel darüber, daß an dem Tage, an welchem man sich an die Untersuchung der verschiedenen Formen der beruflichen Tätigkeit machen wird, Gesetze entdeckt werden, welche das Gewicht, die Schaftlänge der verschiedenen Arbeitsinstrumente, ja sogar die Dimensionen, die jedes Werk-

---

[1]) La méthode graphique, mit einem Supplement: Développement de la méthode graphique par l'emploi de la photographie. Paris: Masson 1885. Vgl. auch: E. J. Marey: Le Mouvement, 335 S., Paris.

zeug in Rücksicht auf dessen Größe und der Kraft desjenigen, der es handhabt, besitzen muß, beherrschen"[1]).

Unter seinem Einflusse und in dem von ihm errichteten Laboratorium des „Parc des Princes" wandte ein Ingenieur seit 1894 dieselbe Methode auf die Arbeit des Schmiedes an[2]). Er nahm kinematographische Aufnahmen vor, welche sukzessive Bilder des vorschlagenden Schmiedes geben, der entweder mit oder ohne Schwingen des Hammers hämmert.

Abb. 1. Höhensprung. Die Bilder gehen ineinander über, sobald der Springende beim Zurückfallen die Geschwindigkeit einschränkt. Links oben befindet sich ein chronographisches Zifferblatt, auf welchem ein leuchtender Zeiger eine Umdrehung pro Sekunde vollbringt. Die Zahl der durch den Zeiger dargestellten Bilder und den Winkel, den diese ausdrücken, geben Aufschluß über Anzahl und Frequenz der Lichteinwirkungen. (Abbildung und Text sind der Arbeit von Marey: La méthode graphique. Développement de la méthode graphique par l'emploi de la photographie, Fig. 23, S. 33, Paris 1885, entnommen.)

Mit Hilfe dieser Aufnahmen stellte er die Schwungbewegungen des Hammers, der Hand und der verschiedenen Richtungen des Hammerschaftes in dessen sukzessiven Stellungen fest, um daraus die Neigung abzuleiten.

---

[1]) E. J. Marey: Le Travail de l'homme dans les professions manuelles. Revue de la Société Scientifique d'hygiène alimentaire, S. 197, 1904. — Vgl. auch L'économie du travail et l'élasticité. La Revue des Idées, S. 161—177, 15. März 1904.

[2]) Ch. Frémont: Etude expérimentale du rivetage, publiziert durch die Société d'encouragement à l'Industrie nationale, Paris 1906 und in Le Monde Moderne, Paris 1895, S. 192.

Da die vollständige Untersuchung des Hammerschlages die Kenntnis der Anstrengung der Hand des Arbeiters und deren Verteilung in der Handhabung des Hammers erheischt, hat Frémont seine Forschungen mit Hilfe des Registrierapparates vervollständigt, der die Registrierung mittels Schreibhebeln auf einer berußten Trommel ausführt.

Man findet in der Arbeit von Frémont die sich aus diesen Untersuchungen für die Technik des Nagelschmiedes ergebenden Anwendungsmöglichkeiten[1]).

In seinen verschiedenen Arbeiten hat Imbert in sehr sinnreicher Weise die graphische Methode zur Lösung einiger auf die berufliche Arbeit bezüglicher Probleme benutzt. So untersuchte er beispielsweise die Tätigkeit der Arbeiterinnen, die mit Hilfe einer Baumschere die Weinreben der amerikanischen Weinberge schneiden, die dann als Setzlinge verwendet werden.

Jede Bewegung der Arbeiterinnen wurde mit Hilfe einer besonderen, mit der Baumschere in Verbindung gebrachten Vorrichtung registriert. Dank diesen experimentellen Untersuchungen gelangte er dazu, in gerechter Weise und mit dem Einverständnis beider Parteien, einen durch eine Lohnfrage heraufbeschworenen Konflikt zu schlichten.

Seine Untersuchungen umfaßten noch andere Berufe, und seine Studie über die Arbeit an der Stoßbarre kann mit gutem Recht als klassisch bezeichnet werden.

Wir hegen nicht die Absicht, an dieser Stelle den — unzweifelhaft großen — Wert dieser verschiedenen Untersuchungen darzutun, sondern wir beschränken uns darauf, eine allgemeine Übersicht über diejenigen Methoden zu geben, die in Frankreich bei der Untersuchung der beruflichen Arbeit in Anwendung gebracht worden sind. Wir übergehen hier mit Absicht diejenigen Arbeiten, die ein besonderes Interesse beanspruchen und deren Betrachtung eine besondere Studie erheischt.

In bezug auf diesen Punkt wird man mit Vorteil die Arbeit von Adrien Veber in seinem Bericht über das Budget der öffentlichen Erziehung heranziehen, in welcher das Werk eines jeden französischen Gelehrten genau beschrieben ist[2]).

---

[1]) Vgl. auch seine neuere Arbeit La Lime, Paris 1916.
[2]) Rapport fait au nom de la Commission du Budget, chargée d'examiner le projet de loi portant fixation du Budget général de l'exercice 1914

Hier ist — unserer Ansicht nach — sowohl die Methode als als auch die Technik einer wissenschaftlichen Untersuchung der Bewegungen des Arbeiters verwirklicht. Wenn aus diesen Forschungsarbeiten nicht die notwendigen praktischen Schlußfolgerungen gezogen und die von ihnen eröffnete Bahn nicht durch die Nachfolger von Marey weiter beschritten wurde, so ist dies darauf zurückzuführen, daß sowohl die Ermutigungen als auch die unerläßliche materielle Hilfe ausblieben[1]). Die Kenntnis dieser Arbeiten läßt demnach die Behauptung Taylors, er habe bei den Physiologen keine der praktischen Verwertung würdige Aufschlüsse gefunden, sehr erstaunlich erscheinen. Dies bezeugt, daß W. Taylor seine wissenschaftliche Forschung nicht sehr weit geführt hat, und daß seine Bewegungsstudien bei weitem nicht so genau sind wie diejenigen unserer Forscher. Seine auf diesen Punkt bezüglichen Forschungen beschränken sich auf die Durchführung der Zeitstudien, d. h. auf die Messung der Elementarzeiten, durch die dem Arbeiter ein schnelleres Arbeitstempo auferlegt wird. Ferner beziehen sie sich fast ausschließlich auf Berufstätigkeiten, die dem Arbeiter nur einen verschwindend kleinen Teil von Initiative einräumen: Schaufelarbeiten, Roheisenverladen, Erdarbeiten, Maurerarbeit, im allgemeinen also auf Handlangerarbeiten.

Ohne Kommentare ist man darüber im klaren, daß der Hobelschlag des Schreiners, der Hammerschlag des Schmiedes oder der Feilenschlag des Monteurs sich wesentlich von der von W. Taylor untersuchten Arbeit unterscheiden. Sie erheischen Eigenschaften, die ganz anderer Natur sind als diejenigen, die für die vorhin erwähnten Berufsarten in Betracht kommen.

Während nun Taylor die von den verschiedenen Berufsarten erheischten psychologischen Eigenschaften unberücksichtigt ließ, war er bestrebt, die menschlichen Bewegungen zu mechanisieren. Er begnügte sich damit, zu diesem Zwecke ihre Dauer unter den Bedingungen der industriellen Arbeit zu messen, die man sodann bloß zu reduzieren brauchte, um sofort eine Erhöhung des Ertrages der Arbeit zu bewirken.

(Ministère de l'Instruction publique) von Adrien Veber, Abgeordneter, Paris, Imprimeur de la Chambre des Députés, S. 50—61, 1914.

[1]) Vgl. über diesen Punkt: G. Démeny: L'éducation de l'effort, S. 90, Paris 1914.

Für seine Untersuchungen hat er einen einfachen Chronometer mit laufendem Zeiger verwendet. Diese Tatsache liefert den Beweis, daß die Nichtberücksichtigung der Mareyschen Forschungen bei Taylor in der Tat auf eine ungenügende Kenntnis der einschlägigen Arbeiten zurückzuführen ist. Dazu kommt, daß einer seiner begeistertsten Schüler, Gilbreth, welcher die Untersuchung der Bewegungen in den verschiedenartigsten Berufsarten unternahm, seinen analytischen Beobachtungsverfahren den Kinematographen einverleibte. Er macht eine kinematographische Aufnahme eines vortrefflichen Arbeiters, der in vollem Tempo arbeitet, um die Dauer aller elementaren Bewegungen zu messen. Gleichzeitig photographiert er einen auf einem graduierten Zifferblatt laufenden Zeiger, welcher, je nach der Geschwindigkeit, Bruchteile von Sekunden markiert. Er hat diesem Mechanismus den Namen Gilbreth-Uhr[1]) gegeben (Abb. 2).

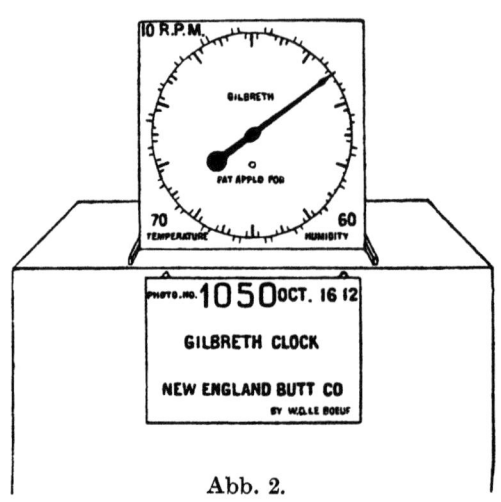

Abb. 2.

Dieses Verfahren wurde vor 50 Jahren durch Marey erfunden, der es verwendete, um seine wunderbaren Bewegungsstudien mittels der Chronophotographie durchzuführen. Die Vorrichtung ist in seinem Werke: Die graphische Methode, sowie in einer Zeitschrift jener Epoche: La Nature[2]), beschrieben. Man wird außerdem darin ein Beispiel der heutzutage so selten gewordenen wissenschaftlichen Redlichkeit finden: die genaue Angabe der Quellen, aus denen Marey seine Anregungen geschöpft hat. Dagegen ist man nicht wenig erstaunt, daß Gilbreth sogar in

---

[1]) Vgl. beispielsweise Boston Sunday Post, 29. Dezember, 1912.
[2]) Marey: La station physiologique de Paris. La Nature, Nr. 539, S. 275 ff.

seinen neuen Veröffentlichungen, in welchen er gezwungen ist, anzuerkennen, daß vor ihm ein Gelehrter namens Marey lebte, dessen wunderbare und methodische Tätigkeit sich auf das Bewegungsstudium erstreckte, schreiben kann: „Ohne jedes Verständnis für die gegenwärtigen Bedingungen dieser Untersuchungen hat Marey für das Bewegungsstudium, als einer Seite seiner zahlreichen Tätigkeiten, eine Methode der Registrierung der Bewegungen entwickelt, aber seine Anstrengungen, die Bewegungsrichtung photographisch zu registrieren, sind nie von Erfolg begleitet gewesen[1].‟ Um eine derartige Ansicht zu äußern, muß man das Werk von Marey sowie die von ihm geschaffene Untersuchungstechnik, die Chronophotographie, d. h. das Mittel, Serien von Photographien in gleichmäßigen Zeitstrecken aufzunehmen, völlig verkennen.

In seinen bereits erwähnten Untersuchungen hat Frémont dieselbe Vorrichtung benutzt; er photographierte die sukzessiven Armstellungen während dem gesamten Zyklus eines Hammerschlages in der Arbeit des Schmiedes. „Die Zeitintervalle, bemerkt er, welche die verschiedenen Stellungen des Hammers trennen, sind gleichwertig und werden auf genaue Weise durch den vor dem Amboß gestellten Chronographen registriert. Der Zeiger vollzieht eine Drehung des Zifferblattes in anderthalb Sekunden[2].‟

Der Name von Marey kann um so weniger verschwiegen werden, als dieser Gelehrte einen Weltruf genießt, so sehr, daß alle Staaten der Erde in Paris, im „Parc des Princes‟ ein internationales Institut — das Marey-Institut — unterhalten, dessen Aufgabe darin besteht, das Werk des großen Physiologen fortzusetzen. Es erscheint als angebracht, die Bedeutung der Mareyschen Arbeiten ins Licht zu rücken, jedesmal, wenn es sich darum handelt, die Hilfe der Physiologie anzurufen und den Laboratoriumsmethoden die Stelle zuzuweisen, die ihnen in der rationellen Untersuchung der beruflichen Tätigkeit zukommt.

Wir könnten die von Gilbreth beschriebene Methode der photographischen Registrierung der Bewegungen nicht allein mit

---

[1] Franck B. Gilbreth u. Lillian Moller Gilbreth: Motions study and time study instruments of precision. (Broschüre ohne Datum noch Herkunft.)

[2] Ch. Frémont: Etude expérimentale du rivetage, S. 8. Paris 1906.

dem entsprechenden Verfahren von Marey, sondern auch mit demjenigen vergleichen, welches vor 15 Jahren J. Gagnière, ein Mitarbeiter von Dr. Imbert, erdacht hat. J. Gagnière benutzte dieses Verfahren zur Untersuchung der kinetischen Elemente des Kniesehnenreflexes. Indem er an der zu untersuchenden Stelle einen elektrischen Glühkörper von reduziertem Modell anbrachte, photographierte er den Lichtstreifen, der durch die Bewegung der betreffenden Körperstelle und folglich des Lichtstreifens entstand. Ein Stromschluß mit bekannter oder genau zu bestimmender Geschwindigkeit erlaubte es, den fortlaufenden Lichtstreifen in eine punktierte Linie zu verwandeln, wobei jedes Element als Ausgangspunkt für die Berechnung der Geschwindigkeit eines jeden Teiles der registrierten Kurve diente. Die Untersuchung von J. Gagnière lieferte ihm das Material zu seiner medizinischen Dissertation: „Nouvelle méthode d'inscription des divers éléments du réflexe rotulien", Montpellier 1904. Gilbreth hat seinerseits seine Methode einigermaßen modifiziert, um sie besser ihren „industriellen" Zwecken anzupassen, aber diejenige von Gagnière besitzt einen wissenschaftlicheren und genaueren Charakter.

Abgesehen von diesem Vorbehalt, sind die Arbeiten von Gilbreth interessant und in der Lage, der Industrie vorzügliche Dienste zu leisten.

W. Taylor hat sich anläßlich der Untersuchung der Bewegungsdauer nicht der in den wissenschaftlichen Laboratorien verwendeten Methoden bedient, sondern sich darauf beschränkt, Verfahren zu verbessern, die schon längst in der Metallindustrie zur Verwendung gelangen.

In der Tat setzen die modernen Entlohnungsmethoden die genaue Kenntnis der für die Ausführung einer Arbeit benötigte Zeit voraus. In allen Betrieben der Metallbranche mißt man diese Zeit mit der größten Sorgfalt. Man geht meistenteils folgendermaßen vor.

Soll ein neues Werkstück hergestellt werden, schätzt der Werkstattmeister nach seiner Erfahrung die Dauer der Herstellungszeit. Fehlt diese Erfahrung, so legt er selbst Hand ans Werk und ermittelt mittels der Zeitstudie die Dauer der Ausführung der in Frage stehenden Arbeit. Im Falle der serienweisen Ausführung derselben zieht er sodann 10% der vorher festgesetzten Zeit ab.

Diese Methode kann naturgemäß nicht sekundengenau die Dauer der Herstellungszeit angeben, aber sie gibt doch eine genügende Annäherung und läßt dem Arbeiter eine gewisse Freiheit in seiner Arbeit, die mannigfache Vorteile bietet.

W. Taylor dachte nun, daß, wenn man diese Freiheit beseitige, man zu einer bedeutenden Zeitersparnis gelangen könne, d. h. daß der Arbeiter gezwungen werde, die gesamte Zeit, die er im Betriebe verbringe, auf einige hundertstel Minuten genau, der nützlichen Arbeit zu widmen. Die Erfahrung hat ihm recht gegeben.

Statt die für eine Arbeit benutzte Gesamtzeit zu messen, **hat er die Arbeit in ihre elementaren Bewegungen zerlegt, die jede für sich gemessen werden und deren Gesamtsumme die tatsächliche Zeit darstellt, die dem Arbeiter gewährt werden muß.**

Die dadurch erzielten Ersparnisse sind überraschend; unter der Bedingung jedoch, daß man diese Methode auf ausschließlich manuelle Tätigkeiten beschränkt. Es ist in der Tat auffallend, daß die entsprechendsten Beispiele, deren sich W. Taylor bedient, fast ausschließlich groben Handlangerarbeiten entnommen sind.

Da sind z. B. Handlanger, die Roheisenstücke auf eine Entfernung von ca. 10 m — sei es auf ebener Fläche oder auf einer schiefen Ebene — transportieren und in einen Eisenbahnwagen niederlegen müssen. Diese Roheisenstücke wiegen 45 Kilogramm. Überläßt man einem Handlanger die Leitung seiner Arbeit, ladet er 12—15 Tonnen täglich; nach Vornahme der Zeitstudien aber 47—48 Tonnen.

Um zu diesem Ergebnis zu gelangen, mußten zwei Fachmänner während zwei Jahren die Dauer einer jeden elementaren Bewegung in 100stel Minuten messen: Aufheben der Last vom Erdboden, Transport derselben auf ebener Fläche oder schiefer Ebene (Zeit in Minuten per Meter), Niederlegen der Last auf der Erde oder Werfen derselben auf einen Haufen und Rückkehr ohne Last. Man stellte sodann die Durchschnittszahlen fest, auf Grund deren die dem Arbeiter aufzuerlegenden Arbeitsregeln formuliert wurden.

W. Taylor nennt diese Regeln „Gesetze" und dehnt den Wert derselben auf alle Arbeiten aus, bei welchen die Leistungsfähigkeit durch die Ermüdung begrenzt ist, d. h. nach seiner Ansicht, auf alle Muskelarbeiten.

Es ist nicht überraschend, daß diese Methode der Arbeitsregelung ihre nützlichsten Anwendungen im Baugewerbe gefunden hat, wo die meisten Arbeiten manueller Natur sind. Dank den Bemühungen Sandford E. Thompsons, Ingenieurs in Newton-Highland (Massachusetts), führte die Untersuchung der Erdarbeit, Steingrubenarbeit, Maurerarbeit, Zement- und Betonarbeit, Zimmermannsarbeit innerhalb einer verhältnismäßig kurzen Zeit zu guten Ergebnissen.

Im Falle der Erdarbeit mittels des Schiebkarrens bedient sich der Zeitstudienbeamte für die Aufnahme seiner Beobachtungen eines Tragpultes, auf welchem seine Notizblätter sowie Stoppuhren sich befinden, die den Blicken des Arbeiters entzogen sind.

Auf dem Beobachtungsbogen werden alle nützlichen Aufzeichnungen gemacht. Es ist ein genaues Memorandum, wie aus der Tabelle auf S. 36 hervorgeht[1]).

Man sieht, daß diese Tabelle in vier Teile eingeteilt ist, deren jeder verschiedenen Elementen der Untersuchung entspricht. Oben links befindet sich die Beschreibung der Arbeit. Unten links befindet sich die Gesamtzeit einer jeden Arbeitsoperation; unten rechts die Durchschnittswerte der Elementarzeiten, welche man aus der Tabelle oben rechts ableitet.

Die Buchstaben a, b, c, d, e, f dieser letzteren Tabelle entsprechen den elementaren Operationen.

Sobald der Arbeiter seine Arbeit beginnt, wird der Zeiger der Stoppuhr in Bewegung gesetzt; man notiert sodann die Einteilung, vor welcher er jedesmal, wenn der Arbeiter von einem Element der Arbeit zum nächsten übergeht, durchgeht. Sind die Elemente von zu kurzer Dauer, faßt man verschiedene zusammen und teilt den erhaltenen Gesamtwert durch die Zahl der derart vereinigten Elemente. Die elementaren Zeiten trägt man in die Kolonne „Zeit", oben rechts, ein. Die Durchschnittswerte

---

[1]) Diese Tabelle ist der französischen Ausgabe des Buches von W. Taylor: La Direction des Ateliers, S. 96, entnommen, wo sie, in der Form einer Wiedergabe von Beobachtungsbogen, schwer leserlich ist. Wir machen deshalb alle Vorbehalte in bezug auf die Genauigkeit der mitgeteilten Zahlen. Es handelt sich übrigens mehr darum, die angewendete Methode kennen zu lernen, als das Ergebnis einer einzigen Untersuchung einer Prüfung zu unterziehen. (Die entsprechenden Tabellen befinden sich in der deutschen Aufgabe auf den S. 96—99. Der Übersetzer.)

Wissenschaftliche Bewegungs- und Zeitstudien.

werden in der dritten Kolonne eingestellt. Da die erste Kolonne die Zahl der vorgenommenen Beobachtungen angibt, kann man mittels einer sehr einfachen rechnerischen Operation die durchschnittliche Dauer einer jeden elementaren Operation ableiten. Jedoch ist die Gesamtsumme der elementaren Zeiten nicht identisch mit der Gesamtzeit einer gleichen Arbeit, die in der Tabelle unten links eingesetzt ist; in diesem Falle schieben sich die notwendigen Ruhezeiten ein: die sog. „toten" Zeiten. Ihr prozentualer Wert beläuft sich für eine Schaufelladung unter gegebenen Bedingungen auf 27%.

Datum:………………………

Arbeitsoperationen: Schiebkarrenarbeit, Erdeschaufeln.
Abteilung: Konstruktion.
Arbeiter: X.
Material: Sand, Lehm.
Werkzeuge: Schaufel Nr. 3, Unternehmerschiebkarre.
Bedingungen: Tagelohnarbeit, Konstruktion.
Durchschnittliche Belastung
    einer Sandschiebkarre: 0,065656 cbm
    einer Lehmschiebkarre: 0,060845 cbm

Zeit	Arbeitsoperationen	Gesamtzeit in Minuten	Zeit zum Füllen einer Schaufel	Zeit zum Schaufeln und Transport	Zeit für eine Schiebkarrenverladung
7,00 Uhr m.	Beginn der Schaufelarbeit	—	—	—	—
9,02 „ „	43 Ladungen auf 15,25 m	122	—	122	2,84
9,50 „ „	Graben des harten Lehms	48	—	—	—
11,39 „ „	29 Ladungen auf 15,25 m	109	—	—	—
11,46 „ „	Graben des harten Lehms	7	5,5	—	1,67
12,11 „ „	4 Ladungen auf 15,25 m	15	—	12,4	3,76
		301			

Bemerkung: Das Verhältnis der für die Gesamtoperationen verwendeten Zeit zu der für die Einzeloperationen verwendeten Zeit ergibt, daß ca. 27% der Gesamtzeit für Ruhepausen und andere notwendige Arbeitsunterbrechungen verwendet werden.

Operation	Zeit	Durchschnitt	Zahl der Schaufelfüllungen	Operation	Zeit	Durchschnitt	Zahl der Schaufelfüllungen	Operation	Zeit	Durchschnitt	Zahl der Schaufelfüllungen	Operation	Zeit	Durchschnitt	Zahl der Schaufelfüllungen
a	1,37	1,37	15	a	1,12	1,12	12	a′	1,86	—	11				
b	1,56	0,19	—	b	1,39	0,27	—	a′	1,81	—	13				
c	1,82	0,26	—	c	1,58	0,19	—	a′	2,14	—	16				
d	1,97	0,15	—	d	1,70	0,12	—	a′	1,98	—	14				
e	2,27	0,30	—	e	1,92	0,22	—								
f	2,36	0,09	—	f	2,05	0,13	—								
a	1,24	1,24	13	a	1,21	1,23	13								
b	1,36	0,12	—	b	1,38	0,15	—								
c	1,59	0,23	—	c	1,60	0,22	—								
d	1,83	0,24	—	d	1,78	0,18	—								
e	2,08	0,25	—	e	2,05	0,27	—								
f	2,33	0,25	—	f	2,23	0,18	—								

Einzelheiten der Operationen	Anzahl der Beobachtungen	Eine Schiebkarrenladung	Eine Schaufelladung	Anzahl der Schaufelladungen pro Schiebkarre	Schiebkarrenladung auf 30,5 m
a Füllen der Schiebkarre mit Sand ..	4	1,240	0,094	13,2	—
b Vorbereitung des Fortkarrens.....	4	0,182	—	—	—
c Fortkarren für 15,25 m Weglänge .	4	0,225	—	—	0,450
d Stürzen und Wiederaufrichten der Schiebkarre.....	4	0,172	—	—	—
e Zurückfahren der leeren Karre auf 15,25 m Weglänge .	4	0,260	—	—	0,520
f Ruhe und Beginn der Schaufelarbeit .	4	0,162	—	—	—
		2,241			
a′ Füllen der Schiebkarre mit Lehm..	4	1,848	0,144	13,5	—
Beobachter: Y.					

Mit Hilfe der auf dem Beobachtungsbogen notierten Zahlen leitet man die obligatorische Dauer der beobachteten Arbeit ab, d. h. die für die Lockerung, das Aufladen und den Transport der Erde nach einer festgesetzten Entfernung notwendigen Zeit, insofern ein einziger Mann mit dieser Arbeit beschäftigt ist.

Es sei B die zu bestimmende Zeit;

a die zur Füllung der Schiebkarre verwendete Zeit.

b die zur Vorbereitung des Fortkarrens verwendete Zeit.

c die zum Fortkarren der gefüllten Schiebkarre für 10 m Weglänge verwendete Zeit.

d die zum Stürzen und Wiederaufrichten der Karre verwendete Zeit.

e die zum Zurückfahren der leeren Karre für 10 m Weglänge verwendete Zeit.

f die zum Abstellen der Karre und der Vorbereitung zum Schaufeln verwendete Zeit.

p die Zeit für das Lösen von 1 cbm Erdreich mit der Hacke.

P die Zeit des Anteiles für Ruhe und notwendige Unterbrechungen pro Tag.

L der Inhalt der Karre in Kubikmeter.

D die zurückgelegte Weglänge.

α eine Konstante.

Von dem tatsächlichen Verhältnis dieser Teiloperationen untereinander leitet man die Gleichung ab:

$$B = p + \left[a + b + d + f + \frac{D}{10}(c+e)\right]\frac{\alpha}{L}(1+P)^{1)}.$$

Sind die Elemente dieser Formel genau meßbar und beruhen sie auf wirklichen Tatsachen, so drückt die Formel tatsächlich ein Gesetz aus, welches die Maurerarbeit beherrscht.

Aber hier sind einige kritische Bemerkungen am Platze.

Die Mehrzahl der Elemente ist tatsächlich meßbar, obschon der Beobachter, dessen Aufmerksamkeit naturgemäß Schwankungen unterworfen ist, sich immer eines gewissen Irrtums

---

[1]) Verwendet man bei der Berechnung die im obenerwähnten Beobachtungsbogen enthaltenen Zahlen, so findet man, daß, um 1 cbm Sand 10 m weit zu transportieren, 25 Minuten benötigt werden.

schuldig macht[1]). Da jedoch Durchschnittszahlen berechnet werden, ist die genügende Genauigkeit der abgeleiteten Zahlen anzunehmen. Es muß jedoch darauf hingewiesen werden, daß die Anwendung der graphischen Methode mit kontinuierlicher Registrierung bedeutend bessere Resultate ergeben hätte als diejenige der Durchschnittszahlen. Es ist die von Marey und Imbert eingeführte wichtige Neuerung, die W. Taylor unbekannt geblieben ist, welche, außer ihrer größeren Genauigkeit, billigere, einfachere und raschere Forschungen erlaubt.

Nehmen wir an, daß die durch die Zeitstudien ermittelten Durchschnittszahlen eine genügende Genauigkeit aufweisen. Ein Element entzieht sich aber völlig der Kenntnis, nämlich die im Laufe der Arbeit notwendige Ruhezeit. Man wird einwenden, daß sich W. Taylor auf die Meinung des Arbeiters beruft. Diese Meinung ist jedoch ohne wissenschaftlichen Wert. Der Arbeiter kann nicht nur den Beobachter täuschen, sondern — und das ist weitaus gefährlicher in Rücksicht auf die Folgen der Ermüdung — er kann sich selbst täuschen. Und tatsächlich täuscht er sich erwiesenermaßen häufig. W. Taylor wählt immer erstklassige, fleißige und willige Arbeiter, die viel zu verdienen wünschen. Aus seinem Text geht hervor, daß seine Arbeiter wegen der Aussicht auf lockende Prämien sich selbst überholen: „Man zahle dem erstklassigen Arbeiter, dessen Arbeit zwecks Zeitstudien untersucht wird", sagt er, „einen hohen Lohn"[2]). Er bestimmt übrigens die zu gewährende Zeit und den Preis nach Zeitrekorden früher verrichteter Arbeiten.

Gewiß werden die erstklassigen Arbeiter mehr verdienen, aber werden sie das ihnen auferlegte Arbeitstempo während der ganzen Dauer ihres Lebens in ungeschwächtem Maße beibehalten können, wie es W. Taylor in dem philosophischen Teil seines Werkes behauptet?

Wäre das Problem der notwendigen Ruhezeit gelöst, würde die in Frage stehende Formel zweifellos richtig sein, aber, muß beigefügt werden, nur für einen einzigen Mann im Falle einer

---

[1]) In der kürzlich in den Vereinigten Staaten durchgeführten Enquete konstatierte Prof. Hoxie, daß im ganzen 17 Fehlerquellen bei dieser Operation vorhanden sind.

[2]) W. Taylor: Die Betriebsleitung. S. 102.

einzigen Beobachtung, oder für eine homogene Gruppe im Falle einer Reihe von Beobachtungen.

Die Gruppe der den Zeitstudien unterworfenen Arbeiter muß aus den besten Arbeitern des Betriebes gebildet sein, da sonst die ermittelten Durchschnittszahlen den Wert der Arbeit herabsetzen würden. Es wäre dies gewiß ein gerechtes Mittel, die Übermüdung zu bekämpfen, aber das Taylorsystem würde darin nicht seinen genauen Ausdruck finden. Deshalb ist W. Taylor auch sehr stark mit dem Problem beschäftigt, seine Formel auf die Leistung der ,,mittleren" Arbeiter auszudehnen.

,,Die Tatsache", sagt er, ,,daß nahezu alle Arbeiter mit verschiedener Arbeitsgeschwindigkeit ihr Werk verrichten, erschwert die Forschung sehr"[1]). Nun teilt Taylor mit, daß er immer ,,die höchste Geschwindigkeit eines erstklassigen Arbeiters" anstrebt; es ist sodann leicht, fügt er hinzu, den Koeffizienten für die Beschränkung dieses Maximums auf einen mittleren Arbeiter zu finden.

In Rücksicht auf die individuellen Unterschiede, die um so klarer in Erscheinung treten, je genauer die Untersuchung der Arbeit vorgenommen wurde, erscheint dieser ,,Reduktionskoeffizient" als eine empirische Methode ohne großen Wert. W. Taylor liefert selbst den Beweis dafür. Wie er selbst wiederholt betont, ,,besteht ein wesentlicher Unterschied zwischen der besten Leistung des erstklassigen Arbeiters und der Leistung des Durchschnittsarbeiters. Der Unterweisungsbeamte im Arbeitsbureau, bemerkt er, ist dabei vor die schwierige Aufgabe gestellt, die Leistungsfähigkeit des einzelnen Mannes bei Festsetzung der Fertigstellungszeit zu berücksichtigen. Soll man diese für einen ausgezeichneten Arbeiter festsetzen? Wenn nicht, wo ist die Grenze zwischen dem ausgezeichneten und mittelmäßigen Arbeiter?"

,,Sicher ist", fügt er noch bei, ,,daß er (der Unterweisungsbeamte) stets einen die Durchschnittsleistung übertreffenden Termin festsetzen muß, damit die Leute den Sporn der möglichen Erlangung einer Prämie haben; sie arbeiten dann stets rascher"[2]).

Diese Tatsache liefert den Beweis, daß der fortwährende Anreiz zur maximalen Leistung die Grundidee des Taylorsystems ist,

---
[1]) W. Taylor: Die Betriebsleitung. S. 102.
[2]) W. Taylor: Die Betriebsleitung. S. 106.

welches, indem es danach strebt, eine äußerst genaue Methode zu sein, an Wert einbüßt.

Aber der künstliche Charakter der Formel tritt noch klarer in Erscheinung, wenn man beobachtet, daß außerhalb des beruflichen Wertes der den Zeitstudien unterworfenen Arbeiter liegende Faktoren einen Einfluß auf die Bestimmung des Arbeitsrhythmus ausüben. Die wichtigsten werden, wie Taylor hervorhebt, durch die lokalen Verhältnisse des Arbeitsmarktes bedingt. Daraus folgt, daß an die Arbeiter in dichten Arbeitszentren industrieller Tätigkeit für denselben Lohn bedeutend höhere Anforderungen gestellt werden[1]).

Alle Elemente der Formel müssen demzufolge, aus Gründen der Arbeiterrekrutierung, eine Einschränkung erfahren, welche auf willkürliche Weise festgestellt wird.

Was die Schaufelarbeit anbetrifft, so hat W. Taylor die für das Zurückwerfen der Schaufel, Werfen der Last auf gegebene Entfernungen und Höhen notwendigen Bewegungen ausgeschieden und gemessen, um die Höhen und Entfernungen des Wurfes zu kombinieren. Es sind dies Untersuchungen, die ein hohes Interesse beanspruchen und geeignet sind, glückliche Verbesserungen in der Technik der Handarbeit einzuführen. Man darf aber nicht übersehen, daß diese manuelle Technik in fortschreitendem Maße durch die mechanische Technik ersetzt wird, die zweifellos in jeder Hinsicht der ersteren überlegen ist. Wie bereits hervorgehoben wurde, ergibt die Anwendung der Zeitstudien bei solchen veralteten Arbeitsverfahren die nützlichsten Resultate bei der Verbesserung ihrer Technik; auf sie haben W. Taylor und seine Kommentatoren ihre einleuchtendsten Argumente gestützt.

Es wäre deshalb von der allergrößten Bedeutung, alle Einzelheiten der Berechnung der von den Zeitstudien abgeleiteten Formeln in dem Teil der Metallindustrie zu besitzen, wo der Arbeiter nicht mit Handlangerarbeiten beschäftigt ist. Kurzum, es ist die Anwendung des Systems auf die „gelernten" Arbeiter und nicht mehr bloß auf die Handlanger, die man kennen müßte. Bei diesem Punkt begnügt sich Taylor mit der Angabe, daß für die Arbeit an Werkzeugmaschinen dieselben Beobachtungen

---

[1]) W. Taylor: Die Betriebsleitung. S. 106.

am Platze sind wie für Maurerarbeit, und er gibt ein Schema, welches die elementaren Operationen enthält[1]). Man findet auf demselben tatsächlich eine große Menge von Arbeitsoperationen, die sich unter die allgemeinen Rubriken verteilen: Transport des Werkstücks, Bereitstellen des Werkzeugs, Bereitstellen des Werkstücks, ergänzende Handarbeit, Abnehmen des Werkstücks usw. Einer jeden Arbeitsoperation gegenüber befinden sich zwei Kolonnen: die eine den gewährten Arbeitszeiten reserviert, die andere die tatsächlich für die Ausführung der Arbeit verwendete Zeit enthaltend. Da diese Tabelle von keiner Erläuterung begleitet ist, sieht man nicht mit genügender Deutlichkeit, auf welche Weise die diese Arbeit beherrschende Formel abgeleitet wird.

Eine andere, auf die Dreharbeit bezügliche Tabelle[2]) enthält einen interessanten Teil, der sich auf die eigentliche Herstellung bezieht. Alle an der Drehbank auszuführenden Arbeiten sind erwähnt, und einer jeden gegenüber findet man die nachfolgenden Instruktionen: Geschwindigkeit, Vorschub, Schnittiefe, Werkzeug, Dimensionen, Dauer. Dies stellt ein Memorandum dar, eine Art praktischer Führer, in welchem, unter anderen Mitteilungen, die Zeitdauer einer jeden Operation aufgezeichnet ist. Es bestehen für diese Arbeiten keine absoluten Regeln. Und dies erklärt sich, wenn man deren Mannigfaltigkeit und Verwickeltheit ins Auge faßt. Die einzige zu befolgende Methode besteht darin, während einer verhältnismäßig kurzen Zeit einen geschickten und kräftigen Arbeiter an der Drehbank arbeiten zu lassen, die durchschnittliche Zeitdauer seiner Arbeit zu ermitteln und dem nachfolgenden Arbeiter zu sagen: ,,Macht euch ans Werk; um ein Stück herzustellen, sind durchschnittlich x Minuten notwendig, ihr habt n Stücke herzustellen und die Zeit, die euch bezahlt wird, wird $x\,n$ sein[3])."

---

[1]) W. Taylor: Die Betriebsleitung. S. 100.
[2]) W. Taylor: Die Betriebsleitung. S. 103.
[3]) Auf diese Weise ging man in den Automobilkonstruktionswerkstätten von Billancourt vor. Die Folge davon war, daß das hochwertige und sonst nachgiebige Personal in den Ausstand trat. Wir wissen nicht, ob W. Taylor das Verhältnis der Gesamtzeit zu der tatsächlichen Ausführungszeit bestimmt hat. Jedenfalls fehlt ein Element, um seine Formel auf der Grundlage derjenigen der Maurerarbeit zu errichten: nämlich die Dauer der notwendigen Ruhezeit.

Teilt W. Taylor keine Formeln in bezug auf die menschliche Tätigkeit bei den mechanischen Arbeiten mit, so ist er doch durch die auf diesem Gebiete vorgenommenen Zeitstudien zu einer höchst wichtigen Entdeckung gelangt: dem Rechenschieber. Wir haben bereits angedeutet, worin dieser besteht. Um sich eine Vorstellung von der durch seine Anwendung bewirkten Zeitersparnis zu machen, braucht man nur an das Herumtappen, an die verlorenen Anstrengungen, an die unzweckmäßigen Ganggeschwindigkeiten zu denken, die durch seine Verwendung vermieden werden. Die durch den auf die Dreharbeit bezüglichen Beobachtungsbogen gelieferten Angaben: Geschwindigkeit, Vorschub, Schnittiefe, werden ganz mechanisch, aber doch auf sofortige und vollkommene Art und Weise angegeben.

Diese Entdeckung, an welcher verschiedene Mathematiker mitwirkten, sollte jedoch nicht, wie Taylor es tut, mit der Anwendung der Zeitstudien auf die „menschliche Arbeitsmaschine" verwechselt werden. Die Einführung des Rechenschiebers stellt eine Verbesserung der Werkzeugtechnik dar; die Zeitstudie dagegen ist eine Methode, welche psychologische und soziale Faktoren berücksichtigen muß.

Man kann sich somit leicht darüber vergewissern, daß die Messung der elementaren Zeiten, die zu Formeln führt, welche die menschliche Arbeit regeln, einzig und allein auf die Handlangerarbeiten anwendbar ist. Die Arbeit des Mechanikers, die zusammengesetzte geistige Eigenschaften, sowie anhaltende nervöse Anstrengung erheischt, muß bei der Anwendung der Zeitstudien nach dem heutigen Stande unserer physiologischen und psychologischen Kenntnisse ausgenommen werden.

Jedoch hat W. Taylor versucht, die Zeitstudien auf die Untersuchung von Arbeitsleistungen anzuwenden, die geringe Muskelanstrengungen, dagegen eine wachsame Aufmerksamkeit erheischen. Um die Tätigkeit der Kugelprüferinnen zu organisieren, bestimmte man mit Hilfe der Stoppuhr die zur Ausführung eines jeden Teils der Prüfarbeit notwendige Zeit, sowie „die genauen Bedingungen, unter welchen die Mädchen die schnellste und

---

Hier ist die Leistung des Arbeiters nicht durch dessen Muskelkraft begrenzt, sondern durch einen Faktor, den W. Taylor niemals erwähnt, und den man in den Regnault-Werken, wie uns während des Ausstandes erklärt wurde, vernachlässigt hat: die nervöse Ermüdung.

beste Arbeit zu liefern imstande waren. Gleichzeitig begegnete man dadurch der Gefahr, den Mädchen ein großes Pensum aufzuerlegen, daß es Übermüdung oder Erschöpfung zur Folge hatte. Wie diese Untersuchung zeigte, bemerkt Taylor, verbrachten die Mädchen bisher einen großen Teil ihrer Zeit in halber Untätigkeit, indem sie gleichzeitig plauderten und arbeiteten, oder tatsächlich mit Nichtstun"[1]).

Die Zeitstudien konnten in diesem Falle keine sehr genauen Angaben liefern, da aus den von W. Taylor mitgeteilten Einzelheiten hervorzugehen scheint, daß andere Maßnahmen psychologischer Natur eingeführt werden mußten. Diese bestanden zunächst in einer auf der Geschwindigkeit der Reaktionszeit der Arbeiterinnen beruhenden Auslese, durch welche alle schlechten ausgeschieden wurden, sodann in der Durchführung der Absonderung der Arbeiterinnen, wodurch jede Unterhaltung während der Arbeit unterdrückt wurde, endlich in der fortwährenden Aufsicht und dem anhaltenden Anreiz zur maximalen Leistung. Die erzielten Ergebnisse sind also mehr durch die Auslese und Beaufsichtigung, als durch Zeitstudien bedingt.

Wir sind nunmehr in der Lage, die Zeitstudien als Bestandteil des Taylorsystems zu charakterisieren.

Die Messung der elementaren Zeiten stellt die selbständige Idee des Taylorsystems dar. Sie muß stark von der früher betriebenen Messung der Gesamtzeiten unterschieden werden. Sie erlaubt nicht nur eine bessere Kenntnis der manuellen Technik, sondern sie liefert außerdem die Elemente zu einer Gleichung, welche für W. Taylor das Gesetz der untersuchten Arbeit darstellt.

Immer und immer wieder weist W. Taylor auf die Notwendigkeit der Ermittlung der Elementarzeiten als die Grundlage einer guten Werkstättenleitung hin und trägt Sorge, sie streng von der Messung der Gesamtzeiten zu unterscheiden. Er bemerkt mit Bedauern, daß, als er im Jahre 1895 der „Society of Mechanical Engineers" seine Abhandlung über „ein Stücklohnverfahren" mitteilte, nur das Differentiallohnsystem, welches er darin entwickelte, beachtet wurde, während die Messung der Elementarzeiten, die für ihn den Hauptgegenstand seiner Abhandlung

---

[1]) W. Taylor: Grundsätze. S. 96—97.

bildete, unbeachtet blieb. Die Ermittlung der elementaren Zeiten, sagt er, ist die Grundlage des Erfolges in der Betriebsführung[1]). W. Taylor ist sich der Irrtümer, die sich bei der Untersuchung der Arbeitszeiten einschleichen können, völlig bewußt. Er besteht darauf, daß diese Untersuchung der Betriebsleitung überwiesen werde. Letztere soll sie für alle Handarbeiten, einschließlich des Anbringens des Werkstücks auf der Maschine, der Arbeit an der Werkbank und am Schraubstock, der Handlangerarbeit usw. durchführen. Und er stellt fest: „Den größten Teil der Zeit verwendet diese Abteilung (die Zeitabteilung für Handarbeit) auf die Zeitstudien und deren Sichtung und Zusammenfügung für die Berechnung der Bearbeitungszeiten der ganzen Operationen. Dabei muß auch die Vervollkommnung der Arbeitsverfahren bedacht und hierüber eine stete Fühlung mit dem Vorrichtungsmeister der Werkstätte und dem Ausarbeiter der Normalien unterhalten werden. Das tatsächliche Studium der Einheitszeiten bildet also die Hauptarbeit dieser Abteilung"[2]).

„Diese Kunst (der Zeitstudienaufnahme), fügt er bei, ist mindestens so wichtig und auch so schwierig, wie das Konstruieren; sie sollte mit dem gleichen Interesse behandelt und als ein gesondertes Gebiet aufgefaßt werden"[3]).

In einer kürzlich erschienenen Arbeit teilt M.-J. Audouin[4]) mit, daß die bestehenden Methoden zur Schätzung der elementaren Zeiten ihn nie befriedigt haben. Er wirft ihnen vor, langwierig und kostspielig zu sein.

Sogar die Untersuchungen, denen er von 1902—1903 in den Vereinigten Staaten beiwohnte, befriedigten ihn nicht. Über das Taylorsystem fällt er folgendes Urteil: „Einige Jahre später brachten die Mitteilungen des verstorbenen Ingenieurs Taylor an die Gesellschaft amerikanischer Ingenieure einige Feststellungen in bezug auf die Gesetze, die das maximale Tempo bei der Schiebkarrenarbeit und ähnlichen Arbeiten beherrschen. Jedoch haben weder die von Taylor und seinen Mitarbeitern empfohlenen Be-

---

[1]) W. Taylor: Die Betriebsleitung. S. 20.
[2]) W. Taylor: Die Betriebsleitung. S. 54.
[3]) W. Taylor: Die Betriebsleitung. S. 92.
[4]) M.-J. Audouin: Recherches sur l'évaluation rapide des temps élémentaires des travaux mécaniques. Bul. Soc. Enc. Ind. Nat. S. 145 bis 154, September-Oktober 1919.

rechnungsmethoden, noch die Rechenschieber mit mannigfaltigen Schiebern oder ähnliche Apparate, noch die logarithmischen Diagramme u. a. das schnelle und leichte Mittel gebracht, das die Verallgemeinerung der vorgängigen Schätzung erlauben würde."

Zur Überwindung dieser Schwierigkeiten schlägt M.-J. Audouin eine Methode vor, an die Taylor nicht gedacht hat, ja die in gewissem Sinne im Gegensatz zu dessen System steht, welches auf dem Grundsatze des Wettbewerbs und nicht auf demjenigen der Kooperation beruht. Audouin macht den Vorschlag, den Lauf der Maschinen nach den einfachen, zur Zeit durch die permanente Standartisations-Kommission studierten Regeln, zu vereinheitlichen. Er nimmt als Grundlage der Vereinheitlichung der Vorschübe und Geschwindigkeiten eine dezimale geometrische Progression an, die, außer ihren Vorteilen für rasche Berechnung der elementaren Zeiten, die Konstruktion von Werkzeugmaschinen wesentlich erleichtern würde.

Diese zwei Methoden der Zeitstudienaufnahme: die Messung der Gesamtzeiten und die Messung der Elementarzeiten, sind scheinbar nicht sehr weit voneinander entfernt, und doch zeitigen sie sehr verschiedenartige Wirkungen vom Standpunkte der Ermüdung.

Man muß die Betriebsverhältnisse in den großen Etablissementen der Metallbranche beobachtet und die mustergültige Ordnung gesehen haben, ferner die Beschränkung der Bewegungen eines jeden Arbeiters und die anhaltende Aufmerksamkeit, die sie bei der Ausführung ihrer Arbeit an den Tag legen, konstatiert haben, um zu verstehen, daß der Arbeiter freiwillig sein Maximum an Leistung liefert.

Wird die von Taylor vorgeschlagene Messung der kleinsten Zeiten in Anwendung gebracht, die, gemäß den Angaben des amerikanischen Ingenieurs für den Betrieb eine derart erhöhte Leistung zur Folge hat, so kann die Frage aufgeworfen werden, wie der menschliche Arbeitsmotor, dessen physiologische Schwankungen bekannt sind, sich einer derart anhaltenden Betätigung wird anpassen können.

So paradox diese Behauptung auch klingen mag — und wir glauben kaum, daß uns ein Psychologe oder Physiologe widersprechen wird — so erscheint doch die ursprünglich betriebene

Messung der Gesamtzeiten als die verhältnismäßig rationellere im Vergleich zu der W. Taylors. Die erstere berücksichtigt Faktoren, welche die letztere ignoriert; sie berücksichtigt sie allerdings nur in empirischer Weise, aber sie vermeidet den fundamentalen Irrtum eines Systems, welches es unterläßt, der Muskelphysiologie, der Psychologie der Aufmerksamkeit und der Handlung die Leitsätze einer zugleich umfassenden und hygienischen Ausnützung der menschlichen Arbeitsmaschine zu entnehmen. In der Tat führt Taylor zu einem bestimmten Zweck die Auslese der nützlichen Bewegungen durch, stellt ihre Mindestdauer fest und legt dem Arbeiter die Pflicht auf, sie während der ganzen Zeit seines Aufenthalts im Betriebe auszuführen.

Die mit großer Genauigkeit durchgeführten Zeitstudien haben zur Folge, daß der Arbeiter zu einer anhaltenden wirksamen Leistung gezwungen ist, daß somit die eingeschalteten Ruhepausen beseitigt werden. Aber hier drängt sich eine Erwägung auf. Der Einfluß dieser anhaltenden Aufmerksamkeitsleistung oder der körperlichen Anstrengung schwankt mit der Natur der zu leistenden Arbeit. Der eine Hobelmaschine führende Arbeiter kann meistens infolge der Langsamkeit der Arbeit zugleich zwei Maschinen führen. Derjenige, der große Zapfenlöcher herstellt, leistet aus demselben Grunde eine wenig ermüdende Anstrengung. Der Einfluß der Ermüdung ist nur in dem Falle ins Auge zu fassen, wenn die Maschine ohne Unterbrechung beaufsichtigt werden muß und rasche Bewegungen des Arbeiters deren Lauf regeln, wie beispielsweise bei der Bohrarbeit. Wir haben einen Arbeiter beobachtet, der innerhalb einer sehr kurzen Zeitspanne — einige Sekunden — das Werkstück auf die Platte legen, die Lunte über die zu bohrende Stelle anbringen, sie herabsteigen lassen und in Bewegung setzen, mit Aufmerksamkeit den Nonius, der die Notwendigkeit des Stellens der Maschine angibt, verfolgen, sodann die Maschine zum Stillstand bringen und endlich die Arbeit mit dem Kaliber kontrollieren mußte. Diese Reihe von Bewegungen und raschen Aufmerksamkeitsleistungen machte zweifellos eine Kraftverausgabung notwendig, für die sich eine fast sofortige Wiederherstellung aufdrängte.

Dasselbe gilt für den Arbeiter, der Kugellagerlaufringe aufrichtet und innerhalb 40 Sekunden folgende Bewegungen ausführt:

1. das Werkstück nehmen;
2. dasselbe zurechtstellen;
3. den elektrischen Strom öffnen;
4. in Bewegung setzen (vorwärts oder rückwärts);
5. die Platte einrücken;
6. das Werkstück heraufsetzen;
7. Ausrücken;
8. den Strom schließen;
9. das Werkstück abnehmen.

Es sind dies alles Handlungen, die in verschiedenem Grade die Anspannung der Aufmerksamkeit erheischen sowie Anforderungen an das Urteil stellen.

Man sieht ein, daß, je nach dem besonderen Fall, die Wirkungen der Zeitstudien sehr verschiedenartiger Natur sein können. Zuweilen beschränken sie sich auf eine Verbesserung der Technik, ohne dabei die Grenzen der normalen Arbeitsleistung zu überschreiten, in anderen Fällen aber zwingen sie den menschlichen Organismus, sich Arbeitsbedingungen anzupassen, die vom psycho-physiologischen Standpunkt aus als anormal bezeichnet werden müssen.

Daraus lassen sich zwei sehr verschiedene Voraussetzungen für die wissenschaftlich organisierte Arbeit ableiten.

Im ersten vorhin erwähnten Falle erscheint ein Eingreifen als nicht notwendig, im zweiten Falle dagegen ist die Mitwirkung des Biologen unerläßlich. Ihm fällt in der Tat die Aufgabe zu, die objektiven Zeichen der Ermüdung zu ermitteln, sowie die Dauer der einzuschaltenden Ruhepausen zu bestimmen.

Diese letztere Bemerkung führt uns dazu, einen neuen Faktor in der Aufstellung der Regeln der industriellen Arbeit zu berücksichtigen: die Dauer der notwendigen physiologischen Erholung.

Die Zeitstudien haben nicht nur die Wirkung, den Arbeiter zu intensiverer Arbeitsleistung zu veranlassen; sie können auch, und das ergibt sich aus dem Vorhergehenden, eine Verbesserung der Technik bewirken. Dieses Ziel haben insbesondere die Forschungen von Marey und Imbert zu erreichen versucht. Beide haben die nützlichen Bewegungen zu erkennen, sie unter Ausschluß der überflüssigen zu verwenden versucht, um dadurch die berufliche Tätigkeit zweckmäßiger zu gestalten.

Die Zeitstudien, im Sinne Taylors aufgefaßt, verbessern die Arbeit in einem einzigen ihrer Elemente: der Geschwindigkeit.

Die anderen Elemente der Arbeit, die wir mittels der direkten Beobachtung aufgedeckt haben, die Güte, das Fertige, die Vollkommenheit, ja sogar ein gewisser Erfindungsgeist in der Bewältigung einer bestimmten Arbeit, werden durch dieses System nicht entwickelt.

In allen Betrieben, in welchen wir die Ingenieure über die Wirkungen der vom technischen Standpunkt aus intensivierten Arbeit befragten, antwortete man uns: „Unsere Arbeiter sind wahre Künstler" oder „unsere Arbeiter können Schöpfern gleichgestellt werden". Alle waren einig in der Auffassung, daß der Wetteifer, den die qualifizierten Arbeiter bei der Inangriffnahme einer neuen Arbeit entfalten, ein wirksames Mittel zur Verbesserung der Technik darstellt. So erscheint das Taylorsystem, welches sich in bezug auf die ungelernte Handlangerarbeit einer ziemlich großen Gunst erfreut, nach dem Urteil erfahrener und scharfsinniger Ingenieure als in geringem Maße anwendbar, weil die individuelle Initiative nicht auf ihre Rechnung kommt.

Hier drängt sich aber eine Bemerkung auf. Die bisher erwähnten Beobachtungen wurden in wichtigen Betrieben durchgeführt, in welchen die Betriebsorganisation mächtig genug war, um den Arbeiter zu unausgesetzter Leistung anzuspornen.

Weitere Beobachtungen, die wir seither in weniger bedeutenden Werkstätten und sogar in Familienbetrieben gemacht haben, brachten uns zur Überzeugung, daß in ihnen die allgemeine Organisation selten mächtig genug ist, um den Arbeiter gleichsam automatisch zu regelmäßiger Arbeit anzuspornen. Die Zerstreuung, die Unterhaltung sind in ihnen — aus Gründen, die wir hier unmöglich anführen können — wesentlich erleichtert und beinahe unabwendbar. In diesen Werkstätten sollte man, durch eine richtig verstandene berufliche Erziehung, dem einzelnen Arbeiter und selbst dem Werkstattmeister die Wohltaten der methodischen Arbeit zum Bewußtsein führen. Jedermann müßte den Wert der Bewegungsersparnis, sowie der Einschränkung der Unterhaltung, wie auch des rationellen Zusammenspiels der Werkzeugtechnik erkennen.

Das Taylorsystem kann hier weniger als irgendwo anders in seiner Gesamtheit angewendet werden; aber das Bewegungsstudium, die peinliche Einschulung des Arbeiters sollten im kleinsten Betriebe Eingang und Förderung finden. Zusammenfassend kann man sagen, daß die kleineren und mittleren Betriebe mit größtem Vorteil die Methoden von Marey, Imbert und Gilbreth zur Anwendung bringen können, die wissenschaftlicher sind als diejenigen von Taylor.

Viertes Kapitel.
Die berufliche Auslese.

W. Taylor schätzt die jedem Arbeiter aufzuerlegende Arbeitsleistung nach der Leistung eines erstklassigen Arbeiters. Er beschreibt mit allen Einzelheiten den Roheisenträger, der ihm gleichsam als Maßstab zur Bestimmung der menschlichen Leistung gedient hat.

„Es war ein untersetzter Pennsylvanier holländischer Abstammung, ein sog. ‚Pennsylvania Dutchman'. Unserer Beobachtung nach, legte er nach Feierabend einen ungefähr halbstündigen Heimweg ebenso frisch zurück, wie morgens seinen Weg zur Arbeit. Bei einem Lohn von 1,15 Doll. pro Tag war es ihm gelungen, ein kleines Stück Grund und Boden zu erwerben. Morgens, bevor er zur Arbeit ging, und abends nach seiner Heimkehr arbeitete er daran, die Mauern für sein Wohnhäuschen darauf aufzubauen. Er galt für außerordentlich sparsam. Man sagte ihm nach, er messe dem Gelde einen außerordentlich hohen Wert bei; wie einer der Leute, mit dem wir über ihn sprachen, sagte, hatte ‚ein Pfennig für ihn eine Bedeutung, als er so groß wie ein Wagenrad wäre'[1]".

Ein solcher Mann ist fähig, sich allen Anforderungen anzubequemen; dies traf denn auch zu. Aber wie viele sind in der Lage, eine entsprechende körperliche Kraft zu entwickeln? Von den 75 Mann der Mannschaft fand W. Taylor: kaum einer auf acht.

Die von W. Taylor befürwortete Auslese der Arbeiter für eine wissenschaftliche Methode zu nehmen, würde zu schweren Verrechnungen führen. Bei tieferer Analyse wird man zur Ein-

---
[1] W. Taylor: Grundsätze. S. 46.

sicht gelangen, daß das Verfahren des amerikanischen Ingenieurs sich kaum vom früheren Empirismus unterscheidet; niemals berücksichtigt er die Tatsachen der experimentellen Psychologie, die nach unserer Ansicht dazu berufen ist, eine bedeutende Rolle bei der Lösung dieses Problems zu spielen. Um dafür den Beweis zu erbringen, entlehnen wir W. Taylor selbst eine überzeugende Tatsache.

„Ein Mann", sagt er, „der sich in dem Beruf eines Roheisenverladers auf die Dauer wohl fühlt, muß natürlich sehr tief stehen und recht gleichgültig sein, so daß er seinem Intellekt nach eher einem Ochsen als irgendeinem andern Typus gleicht. Ein aufgeweckter, intelligenter Mann ist deshalb ganz ungeeignet zu einer Arbeit von solch zerreibender Einförmigkeit"[1]).

W. Taylor bezeichnet somit die Monotonie als Zeichen der Unterlegenheit einer Berufstätigkeit. Die Monotonie hat nun aber infolge der Arbeitsteilung in einer wachsenden Anzahl von industriellen Betätigungen Eingang gefunden. Die Arbeit des Roheisenverladers erreicht bei weitem nicht die Monotonie einer großen Zahl von Industriearbeiten. Der Arbeiter, der in einer Automobilfabrik — wir nehmen das weiter oben zitierte Beispiel wieder auf — an einer Richtmaschine mit magnetischer Platte, zum Richten von Kugellagerlaufringen arbeitet, führt in 40 Sekunden 9 Handbewegungen aus. Diese Reihe von sehr beschränkten und monotonen Bewegungen wiederholt sich somit 80—90 mal in einer Stunde und 800—900 mal im Tage. Es würde nicht schwer fallen, noch charakteristischere Beispiele zu finden. Münsterberg teilt zwei solche mit, die er für die Untersuchungen der psychischen Wirkungen der Monotonie benutzt hat[2]). Es ist zunächst der Arbeiter, der mittels einer automatischen Maschine Löcher in Metallstreifen bohrt und auf diese Weise pro Tag 34000 einförmige Bewegungen ausführt, sodann die Arbeiterin, die täglich 13000 Glühlampen in Reklamezettel einwickelt. Diese Arbeiter können jedoch nicht mit dem „Ochsen" (dem Arbeiter) verglichen werden, von dem Taylor spricht. Die größere oder geringere Monotonie kann somit nicht als Charakteristik dienen, um eine Hierarchie der Berufe — von den minder-

---

[1]) W. Taylor: Grundsätze. S. 46.
[2]) Hugo Münsterberg: Psychology and efficiency. S. 190—205, London 1913.

wertigsten bis zu den hochwertigsten — aufzustellen. Andere psychologische Merkmale, die wir in unseren persönlichen Forschungen zu ermitteln uns bemüht haben, müssen vielmehr an ihre Stelle gesetzt werden. Läßt man einmal gelten, daß die industrielle Arbeit dahin zielt, sich mehr und mehr auf einige wenige Bewegungen zu beschränken und dadurch in steigendem Maße gleichförmig zu gestalten, so muß man feststellen, daß innerhalb dieser Gleichförmigkeit die verschiedenartigsten Formen der Aufmerksamkeit, der Rhythmus ihrer Perioden, wie derjenige der Bewegungen, die motorische Geschwindigkeit, die Dauer der Reaktionszeiten usw., Faktoren darstellen, die geeignet sind, sich auf die verschiedenartigste Art und Weise zu kombinieren, um das psychophysiologische Kennzeichen der beruflichen Überlegenheit zu bilden.

Dem von W. Taylor beschriebenen Roheisenverlader genügen die Muskelkraft und Ausdauer. Es sind dies die einzigen Eigenschaften, denen sich in praxi der amerikanische Ingenieur bedient hat, um die Grundlagen der Arbeiterauslese zu schaffen.

Scheidet man in einem industriellen Betrieb auf diese Weise alle schlechten Arbeiter aus, wird die Leistung ohne weiteres eine Erhöhung erfahren.

Unsere französischen Industriellen waren ebenfalls der Ansicht, daß die guten Arbeiter mehr leisten als die schlechten. Keiner wagte es jedoch unseres Wissens, den brutalen Grundsatz anzuwenden, durch welchen man aus den Mannschaften W. Taylors das beste Arbeiterkorps der Vereinigten Staaten gemacht hat. Das Problem stellt sich übrigens in Europa und insbesondere in Frankreich ganz anders. Man ist hier nicht in der Lage, wie in Amerika, durch Hinzufügung der Einwanderer gleichsam künstlich das Arbeitermilieu zu schaffen. Eine umfassende Enquete, die vor einigen Jahren durch die Kommission der ,,Pittsburg Survey" unter dem Patronat der ,,Fondation sociale Russel Sage" veranstaltet wurde, hat in dieser Hinsicht sehr merkwürdige Tatsachen zutage gefördert[1]). Die 23 000 Arbeiter, die in der ,,United States Steel Corporation", der größten Arbeitgeberin Amerikas, beschäftigt sind, konnten dank der Ein-

---

[1]) J. A. Fitch: The Steel Workers. Russel Sage foundation publication. The Pittsburgh Survey, New-York, Charities Publication Committee. 384 S., 1911.

wanderung ausgeschieden und durch andere ersetzt werden. Nach dem großen Homestead-Streik wurden die Slaven und Osteuropäer einfach durch Westeuropäer ersetzt. Zweimal konnte man somit Arbeiter zur Überproduktion veranlassen, die, unbekümmert um das öffentliche Leben Amerikas, familienlos, indem sie vorübergehend hinüberkamen, um einige Ersparnisse zu machen, um dann nach der fernen Heimat zurückzukehren, ohne Furcht vor Übermüdung, deren unbewußte Opfer sie wurden, den größten Arbeitsexzessen entgegengetrieben wurden. Im Gegensatz zu einer derartigen Verschleuderung von Menschenleben, werden unsere Industriellen praktisch keine unbegrenzte Auslese verwirklichen können. Außerdem wird sich das Problem der Entstehung von sozial minderwertigen Kräften einstellen und sie werden sich hüten, dessen sind wir gewiß, es im Sinne von W. Taylor zu lösen. Wir kennen eine Glasfabrik in der Nähe von Paris, wo die Dekorateure auf folgende Weise behandelt werden: Die „Modelle" werden durch die geschicktesten Arbeiter hergestellt; der Preis der Form wird genau nach der verwendeten Zeit berechnet, sowie nach der Höhe des Stundenverdienstes des betreffenden Arbeiters. Gewisse Preise, die schon ein Minimum darstellen, werden bis zu einem Tausendstel genau berechnet. Daraus folgt, daß ein Arbeiter, der beruflich ebenso geschickt oder sogar geschickter ist, dessen Arbeitsgeschwindigkeit aber weniger groß ist, nicht in der Lage ist, dieselbe Arbeitsleistung hervorzubringen. Das gewöhnliche Lohnsystem ist der Taglohn; weichen sie aber von der Maximalleistung des schnellsten[1]) Arbeiters ab, so werden sie dem Stücklohn unterstellt. W. Taylor würde sie ausgeschieden haben, um die Verminderung der allgemeinen Produktion des Betriebs zu verhüten, wenn die Rekrutierung in diesem Berufe möglich gewesen wäre, und die Zahl der sozial minderwertigen Kräfte würde sich um ebensoviel vermehrt haben. Mit diesem Beispiel soll nicht der Nachweis erbracht werden, daß die Arbeit in der Pariser Glasindustrie menschlicher organisiert ist als in den Bethlehem-Stahlwerken, sondern vielmehr, daß Erwägungen des Milieus, der mangelhaften Rekrutierung sich bei uns neben der von dem einzigen Wert außergewöhnlicher Arbeiter abhängigen Auslese geltend machen.

---

[1]) Die Zeitstudien bestanden also schon bevor dieses vom Taylorsystem geschaffene Wort angewandt wurde.

Man kann sich übrigens von der Verschiedenartigkeit der Bedingungen des Milieus ein Bild machen, wenn man überlegt, was geschehen würde, wenn man die Bauarbeiter von Paris der den Roheisenverladern auferlegten Maßnahme unterwerfen würde: $^7/_8$ der Arbeiter müßten sofort entlassen werden.

Selbst wenn diese Erwägungen ohne Wirkung auf die Industriellen blieben, müßte schon die Unmöglichkeit einer ausgedehnten Rekrutierung der Arbeiter ihnen Vorsicht auferlegen, denn sogar der amerikanische Arbeitgeber stößt mitunter auf diese Schwierigkeit, die selbst von W. Taylor häufig und nachdrücklich erwähnt wird. „Wenn der Arbeitsmarkt derart liegt," sagt er, „daß eine genügende Anzahl erstklassiger Arbeiter beschäftigt werden kann, dann setze man die täglichen Arbeitsraten so hoch, daß nur erstklassige Leute die Leistung vollbringen können, was einem täglichen Mehrverdienst von 30—100% über den üblichen Lohn entspricht. Die Tatsache, daß hin und wieder ein Mann wegen ungenügender Leistung aus der Gruppe der Pensumarbeiter ausscheiden muß, um einem anderen Platz zu machen, wirkt außerordentlich anspornend und überzeugend auf die gesamte Arbeiterschaft"[1]).

Infolgedessen ist die volle Wirksamkeit des Systems nur in Betrieben, welche ein zahlreiches Personal beschäftigen, sowie in Ländern mit unversiegbarer Arbeiterrekrutierung möglich.

Trotz den unversiegbaren Rekrutierungsmöglichkeiten in Amerika, stößt die Anwendung des Taylorsystems auf ungeheure Schwierigkeiten und W. Taylor selbst sah sich genötigt, mit seinen Nachbarn, den Industriellen, einen regelrechten Konkurrenzkrieg zu führen, um sein Ziel zu erreichen. Er drückt dies in folgenden Worten aus:

„Die Festsetzung der Zeitrate muß sich auch nach der örtlichen Lage des Werkes und nach der wirtschaftlichen Konjunktur richten. In dichten Arbeitszentren industrieller Tätigkeit, wie z. B. in Philadelphia, sollten stets die höchsten Anforderungen gestellt werden. In Fabriken, in denen der größte Teil der Erzeugnisse geschulte Arbeiter erfordert, und in solchen, welche in kleineren Städten, fern von den großen Industriemittelpunkten gelegen sind, kann man die Ziele nur langsam

---

[1]) W. Taylor: Die Betriebsleitung. S. 28.

höher stecken. Die einzelnen Staaten sind hierin durchaus verschieden. Der Verfasser erinnert sich eines Beispiels einer Organisationsaufgabe, bei welcher der Erfolg erst nach Heranziehung von Arbeitskräften aus dem Nachbarstaate möglich wurde"[1]).

Handelt es sich um Berufe, die keine Muskelanstrengungen erheischen, nimmt W. Taylor ebenfalls eine Auslese der Leute nach der von ihnen erzielten Leistung vor. Was beispielsweise die Kugelprüferinnen anbetrifft, erhöht man den Lohn derjenigen, die am meisten Kugeln prüfen und am wenigsten Fehler begehen, man vermindert den Lohn der mittelmäßigen Arbeiterinnen und entläßt endlich die schlechten, sowie diejenigen, die gewisse, als notwendig erachtete physische Merkmale nicht aufwiesen. „Leider verloren wir so", bemerkt der Verfasser, „viele von den intelligentesten, fleißigsten und ehrlichsten Mädchen".

Für diese weiblichen Beschäftigungen, welche keine Berufslehre erheischen, würde die Rekrutierung — obschon auch sie gewisse Grenzen hat — bei uns, infolge des immer regeren Anteils der Frauen an der industriellen Arbeit, wo sie die ungenügende Zahl der männlichen Arbeiter ergänzen, weniger rasch erschöpft sein.

Die berufliche Auslese ist somit durchaus nicht immer möglich und zweckmäßig, da durch sie die Rekrutierung beschränkt wird, und da sie außerdem sozialen Erwägungen zuwiderläuft, deren Berechtigung nicht in Zweifel gesetzt werden kann.

Das Problem ist jedoch einer Lösung zugänglich, die W. Taylor nicht ins Auge gefaßt hat, und die wir seit langen Jahren mit Hilfe wissenschaftlicher Verfahren herbeizuführen bestrebt sind. Statt abzuwarten, bis ein Individuum seine ihm eigentümlichen Eigenschaften bei Anlaß der Berufsausübung zum Ausdruck bringt, welches bis zum heutigen Tage das einzige Mittel der beruflichen Auslese darstellte, waren wir bestrebt, **die psychophysiologischen Zeichen der beruflichen Überlegenheit zu ermitteln**, um die Möglichkeit zu erlangen, die Arbeiter vom Zeitpunkte ihrer Berufslehre an zu beraten und zu leiten. Danach erscheint die psycho-physiologische Prüfung als Ergänzung der medizinischen Untersuchung als eine unumgängliche Notwendigkeit, die allen Berufsanwärtern auferlegt werden müßte. Man kann sich mit Leichtigkeit den durch den Arbeiter verwirklichten

---

[1]) W. Taylor: Die Betriebsleitung. S. 106.

Gewinn vorstellen, der sich nach seinem Schulaustritt denjenigen Berufsarten zuwendet, zu deren Ausübung er körperlich geeignet ist. Auf diese Weise würden die Enttäuschungen einer langen und häufig kostspieligen Lehrzeit vermieden. So einfach dieser Gedanke auch erscheinen mag, so darf dennoch sein Wert nicht in Rücksicht auf seine Einfachheit beurteilt werden. Da er auf Grund unserer persönlichen Forschung entstanden ist, wollen wir den Irrtümern derjenigen vorzubeugen versuchen, welche die in Rede stehende Methode auf voreilige Art und Weise anwenden würden. Es müßten vielmehr Gelehrte vereinigt werden, die sich durch ihr umsichtiges Vorgehen auszeichnen und die über einen genügend sicheren kritischen Geist verfügen, um mit der peinlichsten Genauigkeit die Merkmale der beruflichen Überlegenheit zu ermitteln. Der Erfolg der Methode ist von der Wahl dieser Männer abhängig.

Die Feststellung der Zeichen der beruflichen Überlegenheit bedingt aber noch eine andere Vorsichtsmaßregel. Die Versuchstechnik der experimentellen Psychologie erlaubt es, einige Zeichen der psychischen Überlegenheit zu ermitteln. Daraus kann jedoch nicht gefolgert werden, daß man mit Leichtigkeit dieses oder jenes Individuum als geeignet zu diesem oder jenem Beruf erklären kann, weil im Laufe der Untersuchung eines dieser Zeichen zum Vorschein gekommen ist. Beispielsweise würde man sich täuschen, wenn man sich einbilden würde, aus der Untersuchung der Reaktionszeiten genügende Anhaltspunkte zu gewinnen. Wir werden versuchen, dies an Hand eines dem Werke von W. Taylor entlehnten Beispiels zu veranschaulichen.

W. Taylor nennt „persönlichen Koeffizienten" eines Individuums, was wir als „Reaktionszeit" bezeichnen. Die Reaktionszeit ist die Zeitdauer, die einen sensorischen Reiz von der von ihm ausgelösten Bewegung trennt. Man läßt beispielsweise eine Versuchsperson einen plötzlichen Schall hören und fordert sie auf, auf einen elektrischen Kontakt zu drücken, sobald sie den Schall empfindet. Der Experimentator hat beim Hervorrufen des Schalls einen Zeiger in Bewegung gesetzt, der sich auf einem graduierten Zifferblatt bewegt; die Versuchsperson bringt durch ihre Reaktion diesen Zeiger zum Stillstand, so daß man auf dem Zifferblatt die für die Reaktion notwendige Zeit in Hundertstel Sekunden ablesen kann.

Die Abb. 3 und 4 stellen den zur Messung der Reaktionszeit verwendeten Apparat dar. Es ist das elektrische Chronoskop (System Bull).

Die Bewegung des Chronoskops A wird durch die Stimmgabel D gesichert, die 50 Schwingungen pro Sekunde ausführt

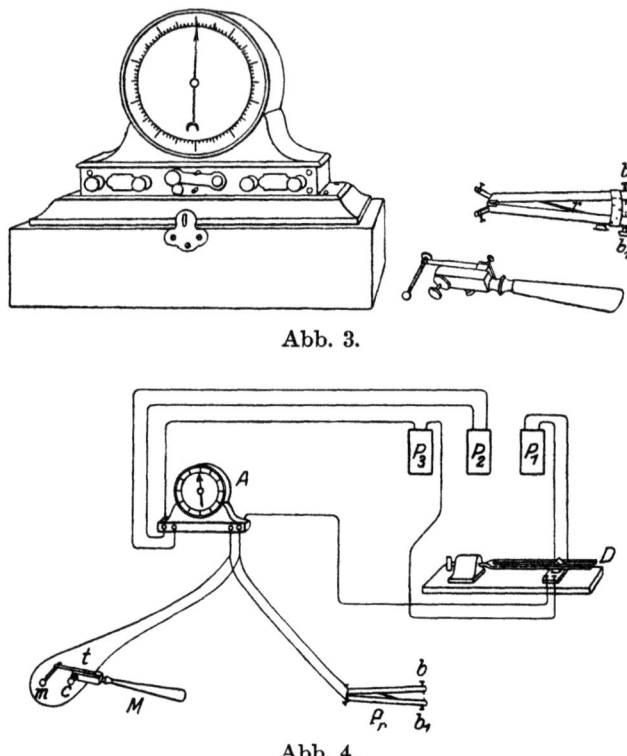

Abb. 3.

Abb. 4.

und elektrisch von dem Strom des Akkumulators P_1 betrieben wird. Jede Schwingung der Stimmgabel sendet nach A den Strom des Akkumulators P_3.

Ein in A befindlicher Elektromagnet, welcher Ströme in außerordentlich rascher Reihenfolge, aber von praktisch gleichmäßiger Dauer empfängt, übt Anziehungen von vollkommener Regelmäßigkeit auf die Zähne des motorischen Rades aus, welches den Zeiger in Bewegung setzt.

Dieser Apparat ist der vollkommenste aller bis zum heutigen Tage hergestellten elektrischen und mechanischen Apparate. Seine Bewegung ist von unbegrenzter Dauer, ohne Lärm, da die Stimmgabel nach Belieben entfernt werden kann. Er gibt den hundertsten Teil einer Sekunde an, kann aber auf einem etwas größeren Zifferblatt und mit einer Stimmgabel von 250 Schwingungen den tausendsten Teil angeben.

Die Versuchsperson, die von dem Apparat entfernt worden ist, denselben also nicht sieht, nimmt den Drücker in die Hand, dessen zwei Klemmen b und b_1 sehr wenig voneinander entfernt sind und in dieser Lage durch eine sehr weiche Feder r bewahrt werden. Der Zeiger des Apparates A wird auf Null gestellt und mittels des in Bewegung gesetzten Elektromagneten durch den Strom von Akkumulator P_2 in dieser Stellung immobilisiert. Der Versuchsleiter, der den Hammer M hält, läßt einen Schall ertönen, indem er das Ende m des Hammers auf einen klingenden Gegenstand schlägt. Der Schlag macht die Stange t vom Kontakt c los. Da der Strom dadurch unterbrochen wird, beginnt der von dem motorischen Rad und dem Strom von P_3 getriebene Zeiger sich auf dem Zifferblatt zu bewegen. Sobald die Versuchsperson den Schall hört, drückt sie so rasch als möglich den Drücker P_r und setzt die beiden Pole b und b_1 in Kontakt. Der durch M geöffnete Strom wird durch P_2 geschlossen. Der Zeiger bleibt stehen. Man liest auf dem Zifferblatt, in 100stel Sekunden, die Dauer der motorischen Reaktion auf einen Gehörsreiz ab. Man kann aber den Gehörsreiz durch einen taktilen Reiz ersetzen, indem man das Ende m des Hammers mit einem Körperteil der Versuchsperson in Berührung bringt, oder durch einen Gesichtsreiz, indem man im Zeitpunkt der Stromöffnung durch M ein Licht aufblitzen läßt.

Durch analoge Anordnungen mißt man die Reaktionszeit der anderen Sinne[1]).

---

[1]) Dies stellt die einfachste und gebräuchlichste Versuchstechnik dar; in den experimentell-psychologischen Laboratorien gelangen aber noch andere zur Verwendung. Man registriert beispielsweise auf einer Registriertrommel den genauen Zeitpunkt des Reizes sowie denjenigen der Reaktion der Versuchsperson, indem man Sorge getragen hat, gleichlaufend die Schwingungen einer Stimmgabel zu registrieren. Es besteht sodann die Möglichkeit, die Zeitdauer der Reaktion in außerordentlich kleinen Bruchteilen abzulesen.

Kann man nun wirklich die Dauer der Reaktionszeit als „persönlichen Koeffizienten" bezeichnen?

Der Begriff „persönlicher Koeffizient" setzt voraus, daß alle psychologischen Merkmale eines Individuums bei dessen Feststellung berücksichtigt werden. Nun haben aber die Laboratoriumsversuche die unendliche Mannigfaltigkeit der Beziehungen dargetan, welche sich zwischen den einzelnen psychischen Funktionen eines Individuums geltend machen. Es erscheint demnach nicht als angebracht, „Koeffizienten" zu nennen, was ein einfaches Zeichen ist, unter vielen anderen ausgewählt, und das somit ein isoliertes Element des „persönlichen Koeffizienten" darstellt.

Stellt dieses Zeichen, auf einen gegebenen Beruf angewendet, ein getreues Merkmal der beruflichen Überlegenheit dar? ermächtigt dessen Nichtvorhandensein zum Ausschluß eines Individuums aus einem Berufe, in welchem es durch die Gewöhnung und Anpassung es zu einer gewissen Meisterschaft bringen könnte? Nein. Hier müssen wir, unter anderem, auf ein Ergebnis unserer Versuche hinweisen.

Es handelte sich darum, die psychologischen Merkmale von Personen festzustellen, die rasche, aber einem bestimmten Zwecke sehr genau angepaßte Bewegungen auszuführen haben[1]). Dabei haben wir bei unseren Versuchspersonen einen konstanten Gegensatz zwischen der Gesichts- und der Gehörsreaktion gefunden. Die vortreffliche Versuchsperson zeigt in einer gegebenen Tätigkeit eine schnellere Gesichtsreaktion und eine langsamere Gehörsreaktion als die ungeschickte Versuchsperson.

Diese einfache, unter vielen anderen ausgewählte Tatsache liefert den Beweis, daß für eine gegebene Tätigkeit die experimentelle Untersuchung nie genau genug sein kann und eine umfassende Prüfung der Versuchsperson erheischt. Wir haben bereits die Ergebnisse mitgeteilt, zu welchen wir mit dieser Methode in bezug auf die Maschinenschreiber gelangt sind[2]),

---

[1]) J. M. Lahy: L'adaptation organique dans les états d'attention volontaires et brefs. Comptes rendus de l'Académie des sciences, Mai 1913 und: Etude expérimentale de l'adaptation psycho-physiologique aux actes volontaires, brefs et intenses. Journal de Physiologie. S. 220—236, 1913.

[2]) J. M. Lahy: Les signes physiques de la supériorité professionnelle chez les dactylographes. Comptes rendus de l'Académie des sciences,

um die Zeichen der beruflichen Überlegenheit zu ermitteln, sowie in denjenigen Berufsarten, welche rasche und zweckmäßige Bewegungen, eine freiwillige, zugleich rasche und intensive Aufmerksamkeitsleistung erheischen, wie beispielsweise bei den Straßenbahnführern. Da diese psychologischen Merkmale bei der Ausübung der modernen Berufsarten in steigendem Maße auftreten, kann man auf diese Weise einige nützliche Elemente zur Kenntnis der wissenschaftlichen Lösung der Organisation der Arbeit beitragen.

Schon jetzt besteht für die Betriebsleiter die Möglichkeit, einen entscheidenden Schritt in der Anwendung der neuen Arbeitsmethoden zu tun. Statt blindlings die Grundsätze von W. Taylor anzuwenden, werden sie mit Vorteil allmählich, je nach den Bedürfnissen, ein junges Personal rekrutieren, welches die zur vollkommenen Ausübung seiner beruflichen Tätigkeit notwendigen psychologischen Fähigkeiten besitzt. Diejenigen, die nicht angenommen werden können, werden mit Hilfe des Psycho-Physiologen diejenige Tätigkeit ausfindig machen, die ihren Fähigkeiten entspricht. Als Folge davon wird man in einigen Jahren die Zahl der Deklassierten sich vermindern und zuletzt vollständig verschwinden sehen und die industrielle Leistungsfähigkeit wird in demselben Verhältnis steigen.

Zu diesem Zwecke ist es aber erforderlich, daß sich Untersuchungen organisieren. Diejenigen, die sich bis zum heutigen Tage allen Neuerungen gegenüber feindlich verhalten haben, müssen sie fördern und der Einmischung des Staates — die aus Gründen der Gerechtigkeit und des sozialen Interesses nicht mehr lange auf sich warten lassen kann — vorgreifen.

---

2. Juni 1913 und: Les conditions psychophysiologiques de l'aptitude au travail dactylographique. Journal de Physiologie et de Pathologie générale. 5. Juli 1913.

Fünftes Kapitel.

Die Löhne.

Man wird vielleicht überrascht sein, in einer Studie, in welcher die physiologischen und psychologischen Gesichtspunkte vorherrschend sind, ein ganzes Kapitel den Löhnen gewidmet zu sehen. Man muß jedoch berücksichtigen, daß die Arbeitsentlöhnung die Art und Weise, wie die Arbeit ausgeführt wird, wesentlich beeinflußt. Dies kennzeichnet wenigstens die modernen Lohnmethoden und insbesondere diejenige von W. Taylor.

Es versteht sich von selbst, daß wir den Grundsatz der Lohnarbeit selbst nicht in unsere Betrachtung einbeziehen. Wir nehmen dieselbe vielmehr als eine Tatsache hin, um deren Modalitäten zu untersuchen.

Allgemein betrachtet, teilt sich die Arbeitswelt in zwei Gruppen: die Arbeitgeber und die Arbeitnehmer. Die ersteren errichten Industrien, organisieren die Arbeit, legen Kapitalien an, übernehmen Risiken; die letzteren dagegen setzen ihre geistige oder körperliche Tätigkeit ein, wofür sie als Gegenwert einen nach Vereinbarung mit dem Arbeitgeber bestimmten Lohn erhalten. Man sieht leicht ein, daß auf der einen Seite der Arbeitgeber danach zielt, eine möglichst große Arbeitsmenge zum günstigsten Preis zu erhalten, während auf der anderen Seite der Arbeiter bestrebt ist, mit einem Minimum von Anstrengung, d. h. bei geringmöglichster Leistung, einen möglichst hohen Lohn zu verdienen.

Derart entgegengesetzte Interessen müssen notgedrungen einen fortwährenden Konflikt zur Folge haben. Allerdings schwächen moralische Faktoren dessen Wirkungen bis zu einem gewissen Grade ab. Häufiger, als man sich einbildet, liebt der Arbeiter seinen Beruf und arbeitet mit Eifer, weil mit Freude.

Wird beispielsweise in einem Betriebe eine neue Arbeit eingeführt, hat eine große Zahl von Arbeitern das Bestreben, damit betraut zu werden. Je größere Schwierigkeiten die Ausführung dieser Arbeit bietet, desto stärker ist ihr Wunsch, sie zu übernehmen. Als beispielsweise ein Pariser Betrieb die Herstellung von Flugzeugmotoren begann — eine Arbeit von der höchsten Präzision, welche außerordentliche Schwierigkeiten bereitete —

Die Löhne. 61

setzten sich alle qualifizierten Arbeiter ein, sie auszuführen. Es war gewiß nicht die Lockung eines durchaus problematischen Mehrverdienstes, welche die Arbeiter anspornte, sondern der Reiz der qualifizierten Arbeit, sprechen wir das Wort aus: die Anziehungskraft der beruflichen Moral.

Zuweilen ist sich auch der Arbeitgeber der engen Solidarität bewußt, welche ihn an seine Untergebenen kettet, und er sucht durch das Mittel der Überzeugung von ihnen für einen gegebenen Lohn eine höhere Leistung zu erlangen.

Jedoch haben diese moralischen Faktoren, die früher die gesamte Berufswelt beherrschten, in der durch die Maschine umgestalteten Arbeitswelt ihren Wert zum größten Teil verloren. Aus diesem Grunde wurde die Einführung des Zwanges notwendig, um einerseits die Arbeiter zu veranlassen, ein Maximum an Leistung hervorzubringen und andererseits den Mißbrauch der Macht seitens der Arbeitgeber zu verhindern.

Wir wiederholen es, es ist nicht eine Lohntheorie, die wir hier aufstellen. Wir führen die Tatsachen an, so wie sie gegenwärtig in Erscheinung treten, um den Platz, den W. Taylor in diesen Konflikten einnimmt, zu kennzeichnen.

Der auf dem Arbeiter lastende Zwang ist der Lohn. Wenn er nicht arbeitet, verdient er nichts. Arbeitet er, so wird er dementsprechend bezahlt, sei es nach der Anzahl der im Dienste des Arbeitgebers zugebrachten Tage oder Stunden, sei es im Verhältnis zur Menge der tatsächlich geleisteten Arbeit.

Im ersten Falle haben wir den festen Zeitlohn, Taglohn oder Stundenlohn, im zweiten Falle den Stücklohn.

Wird die Arbeit einzig und allein nach der Zeit entlohnt, wird damit auf den Arbeiter kein Zwang ausgeübt. Die Stücklohnarbeit dagegen hält ihn in Atem und spornt ihn zu höchster Leistung an. Aber sie hat auch Nachteile. Sie drückt die Qualität der hergestellten Produkte herab, da der Arbeiter bestrebt ist, möglichst viel zu produzieren. Außerdem muß er Risiken tragen, die sich aus der Betriebsorganisation selbst ergeben; denn wird er aus irgendeinem Grunde in seiner Arbeit gestört, sieht er sich benachteiligt. Endlich gibt die Feststellung des Herstellungspreises eines Werkstückes zu peinlichen Auseinandersetzungen Anlaß. Deshalb bewirkt die Stücklohnarbeit zur großen Überraschung der Betriebsleiter, statt eine Erhöhung, eine Verminderung der Leistung.

Und doch ist im Grunde die Sache sehr einfach. Der Arbeitgeber, dessen Arbeiter viel produzieren, liefert dem Verbrauch eine große Zahl von Gütern; infolge des Überflusses an ihnen sinkt ihr Wert und der Arbeitgeber ist außerstande, den ursprünglich festgesetzten Tarifsatz innezuhalten. Somit hat der Arbeiter ein Interesse daran, daß die Verkaufspreise hoch bleiben; infolgedessen wenig zu produzieren. Man sieht ein, in welchem Kreis sich diejenigen bewegen, welche Lösungen suchen.

Es hat also den Anschein, als ob dieser Lohnmodus zu dem paradox anmutenden Ergebnis führe, den guten Arbeiter proportional dem Grade seiner Geschicklichkeit zu bestrafen[1]).

Man hat jedoch die Frage aufgeworfen, ob nicht die Möglichkeit bestünde, den Herstellungspreis eines Werkstücks unter Berücksichtigung der vom Arbeiter verwendeten Zeit wissenschaftlich festzustellen. Dieses Ziel wird erreicht durch eine peinliche Analyse der für die untersuchte Arbeit notwendigerweise beanspruchten Zeit. Es sind dies im Grunde nichts anderes als „Zeitstudien", und man sieht daraus, wie zutreffend unsere Behauptung war, daß zu dem Zeitpunkt, wo Taylor sein System schuf, die Zeitstudien bereits „in der Luft" lagen.

In gewissen Betrieben gelangt man für die Herstellung von Werkzeugmaschinen beispielsweise zu den nachstehenden Feststellungen (vgl. Tabelle S. 63).

Die wissenschaftliche Feststellung der Löhne mit Hilfe dieser Methode ist in gewissen Industrien mit so großen Schwierigkeiten verbunden, daß schwere Konflikte zwischen Betriebsleitung und Arbeiterschaft ausbrechen können. So in der Textilindustrie. Infolgedessen sah sich die englische Regierung veranlaßt, ein besonderes Inspektorat für die Betriebe mit Stücklohn ins Leben zu rufen[2]).

---

[1]) Vgl. H. B. Kepner: Le travail aux pièces au point de vue ouvrier. American Engineer and Railroad journal. New York, Juni 1903 und: Le travail aux pièces et la réduction du prix de revient. Engineering Magazine. London, November 1900.

[2]) Llewellyn Smith: Report on Standard pieces rates of Wages and Sliding Scales. London 1900.

Die Löhne.

Welche Sorgfalt auch auf die Feststellung des Herstellungspreises verwendet wird, so ist dennoch diese Methode nicht in der Lage, alle dem Stücklohnsystem anhaftenden Nachteile zu beseitigen. Es besteht allerdings die Möglichkeit, die Schwankungen des empirisch durch den Arbeitgeber festgesetzten Preises auszuschalten, der Arbeiter wird aber nicht an den Gewinnen beteiligt, die infolge seiner größeren Anstrengung für die Unternehmung entstehen. Ohne Zweifel wird die Anstrengung mit der im Betriebe verbrachten Zeit immer drückender und es erscheint infolgedessen als billig, dem Arbeiter, der mehr als die andern leistet, einen entsprechenden Lohnzuschlag zu sichern. Dieses Ziel sucht die dem Taylorsystem eigentümliche Lohnbemessungsmethode zu erreichen.

Durch den Arbeiter ausgeführte Arbeit	Minuten
Zeit zur Hebung des Werkstücks vom Erdboden zur Werkzeugmaschine	....
Zeit um es zweckmäßig anzuordnen	....
Zeit um es mit Hilfe von Klammern oder Bolzen zu befestigen	....
Zeit zum Abnehmen derselben nach beendigter Arbeit	....
Zeit zum Reinigen der Werkzeugmaschine nach beendigter Arbeit	....
Durch die Maschine ausgeführte Arbeit	
Zeit zum Abschleifen von .... mm auf einer Fläche von	....
Zeit zur Vollendung der Arbeit auf einer Fläche von	....
Toleranz	
Zurechnung von .... % für unvorgesehene Aufschübe	....
Gesamtzeit:	....

Man vereinigt sodann diese Aufschlüsse mit ergänzenden Daten zu einem Memorandum, welches den Herstellungspreis bestimmt. (Vgl. die Tabelle S. 64.)

Memorandum.

Datum: .... Drehbank-Werkstatt: ....

Konstruktion einer: .... Beschreibung der ausgeführten Arbeitsoperation: ....

....

Name und Nummer des Arbeiters: ....
Benutzte Werkzeugmaschine: .... Schlaggeschwindigkeit des Werkzeugs: .... Vorschub: ....
Tourenzahl der Maschine: ....

Arbeit	Einzelheiten der elementaren Operation	Minuten
Arbeit des Menschen	....	....
Arbeit der Maschine	....	....
Während der Arbeitsoperation eintretende unvorgesehene Aufschübe	....	....
	Gesamtdauer der Operation:	....

Bemerkungen:

Eigenschaften des Werkzeugstahls: ....

Für das Schärfen des Werkzeugs verwendete Zeit: ....

Anzahl der während des 10 Stunden-Arbeitstages zerbrochenen Werkzeuge: ....

Lohnreduktion für zerbrochene Werkzeuge: ....

Anzahl der während des 10 Stunden-Arbeitstages hergestellten Stücke: ....

Für die Arbeitsklasse üblicherweise bezahlter Taglohn: ....

Bemerkungen: { ....
....
....

Unterschrift des Beobachters:
....

Die Löhne.

W. Taylor bekämpft das Stücklohnsystem, welches nach seinem Dafürhalten die Hauptursache der „systematischen Bummelei" ist. Produziert der Arbeiter viel, so kommt er zu dem Glauben, daß die Überproduktion den Preis der Arbeit vermindert. Mithin verlangsamt er sein Arbeitstempo.

Schreibt man im Gegenteil, sagt W. Taylor, dem Arbeiter ein tägliches Pensum vor, und stellt dasselbe „wissenschaftlich", d. h. durch Ermittlung der maximalen Leistung, die ein guter Arbeiter hervorbringen kann, fest, gewährt man für dieses Pensum einen festen Lohn, fügt man, falls das Pensum bewältigt wird, dem vereinbarten Lohn eine verhältnismäßig hohe Prämie zu, so wird man zu einem ganz anderen Ergebnis gelangen.

W. Taylor gibt sich die größte Mühe, zu zeigen, durch welche Mittel man sodann entdecken wird, daß die Ursache der bessern Leistung seiner Arbeiter weniger in der Pensumarbeit und in der Prämie als in der vorgängig durchgeführten Auslese des Personals liegt.

„Bei dem besten Zeitlohnsystem der gewöhnlichen Art kann allerdings die systematische „Drückebergerei" beseitigt werden, wenn genaue Statistiken über das geleistete Arbeitsquantum jedes einzelnen Arbeiters und den Nutzeffekt seiner Kraftaufwendung geführt werden, wenn der Lohn jedes einzelnen im gleichen Verhältnis zu seinen Mehrleistungen steigt und wenn die, welche nicht auf ein bestimmtes Niveau kommen können, entlassen und durch sorgfältig ausgewählte Leute ersetzt werden. Dies läßt sich jedoch nur dann durchführen, wenn der Arbeiter vollkommen davon überzeugt ist, daß keine Absicht besteht, jemals zum Stücklohn überzugehen[1]." Dies für die Schwerarbeiten. Dasselbe gilt für die Arbeiten, die Aufmerksamkeitsleistungen und Handgeschicklichkeit erheischen, wie diejenige der Kugelprüferinnen. Gestützt auf die Ergebnisse der Zeitstudien bestimmt man das tägliche Pensum einer jeden Arbeiterin. Bewältigt sie dasselbe, so wird ihr eine Prämie zugewiesen[2]).

Auf welcher Grundlage bestimmt W. Taylor die Zuordnung der Prämie an das Pensum?

Die Arbeiter erhalten Stücklohn, sind aber gezwungen, eine bestimmte Anzahl Stücke in einer gegebenen Zeit hervorzubringen.

---
[1]) W. Taylor: Grundsätze. S. 22—23.
[2]) W. Taylor: Grundsätze. S. 98.

Bringen sie das zustande, so wird der Herstellungspreis, der ursprünglich dieselbe Höhe hatte wie derjenige der andern Betriebe derselben Region, um ein beträchtliches erhöht. Es kann vorkommen, daß der Arbeitslohn um 30% und mehr über denjenigen erhöht wird, den die Arbeiter in gleichartigen Betrieben verdienen.

Der dem überproduzierenden Arbeiter gewährte Zuschlag ist nicht willkürlich festgestellt. Der Arbeitgeber bestimmt dessen Höhe in Rücksicht auf den Wert der in nützlichen Bewegungen verbrachten Zeit. Man mißt alle Bewegungen, vervollkommnet diejenigen, bei denen eine Vervollkommnung möglich ist, scheidet diejenigen aus, die als unnütz erscheinen, wie auch die verlorene Zeit zwischen jeder Bewegung. Man konstruiert mithin in abstracto einen Musterarbeiter, der in einem Musterbetrieb mit Musterwerkzeugen arbeitet.

Demnach scheint es, daß der Wert eines derart experimentell im Betriebe festgesetzten Werkstückes in gewissem Sinne ein bedingter ist. Der Arbeiter muß eine bestimmte Anzahl vollkommener Stücke herstellen. Wird diese Zahl nicht erreicht oder sind die Stücke verfehlt, wird der tägliche Lohn entsprechend gekürzt.

Hier folgt als Beispiel ein Arbeitszettel, auf welchem die zur Radachse einer Lokomotive notwendigen Zeiten eingetragen sind. (Aus einem taylorisierten Betriebe.)

Einzelheit der Dauer einer jeden elementaren Arbeitsoperation	Stunden	Minuten
1. Aufspannen der Radachse auf der Drehbank	—	20
2. Zurichten der flachen Teile und der Keilbahnen	1	40
3. Drehen des ersten Zapfens	2	10
4. Drehen des zweiten Zapfens	2	10
5. Abdrehen der Stirnflächen	—	40
6. Schlichten der Stirnflächen	—	50
7. Schlichten der zwei Zapfen	2	—
8. Erstes allgemeines Glätten der Achse	1	10
9. Letztes Polieren	—	40
10. Zuschlag für Unvorhergesehenes	—	15
11. Abspannen der Achse	—	5
Gesamtdauer der Arbeit:	12	—

Verwendet der Arbeiter weniger als 12 Stunden auf die Ausführung der Arbeit, erhält er eine Prämie.

Wir sahen bei der Untersuchung der Zeitstudien, welche Vorbehalte in bezug auf den Wert der festgestellten Arbeitszeiten gemacht werden müssen. Dieselben Vorbehalte gelten auch in bezug auf die Feststellung des Lohnes, die auf der Ermittlung der elementaren Arbeitszeiten beruht.

Was dagegen die Festsetzung der Prämie anbelangt, so ist diese der Willkür überlassen. Der Arbeitgeber bestimmt ihre Höhe; aber auf welcher Grundlage?

W. Taylor hat über diesen Punkt einen Passus geschrieben, der geradezu befremdend klingt: „Nun hatten wir durch eine Reihe von Experimenten und eingehenden Beobachtungen gefunden, daß solche Arbeiter, denen man ein sorgfältig abgemessenes, wenn auch gut berechnetes Tagespensum zuteilt und für die Extraanstrengung den normalen Lohn um 60% erhöht, nicht nur haushälterisch, sondern auch in jeder Beziehung wertvoller für die menschliche Gesellschaft werden; sie leben viel besser, fangen an zu sparen, werden nüchtern und arbeiten regelmäßiger. Wenn ihr Lohn aber über 60% erhöht wird, so arbeiten sie vielfach unregelmäßig, neigen mehr oder minder zur Unzuverlässigkeit, Verschwendungs- und Vergnügungssucht. Unsere Untersuchungen zeigten mit andern Worten, daß es für die meisten kein Glück ist, zu schnell reich zu werden. Wir hatten deshalb beschlossen, den Lohn unserer mit Erzladen beschäftigten Arbeiter nicht zu erhöhen. Wir ließen einen nach dem andern in unser Bureau kommen...[1]."

Ohne Zweifel schränken derartige Behauptungen den wissenschaftlichen Charakter der Methode ein.

Aber, wird man einwenden, sind denn auf diesem Gebiete genauere Grundlagen als die von W. Taylor geschaffenen überhaupt möglich? Diese Frage kann in bejahendem Sinne beantwortet werden. Man kann sogar noch weiter gehen und sagen, daß vor dem Taylorsystem Lohnmethoden geschaffen worden sind, die in jeder Beziehung als rationeller erscheinen. Es ist in der Tat notwendig, das Vorurteil, das sich zugunsten des Taylorsystems verbreitet hat, zu zerstören und zu zeigen, daß

---

[1] W. Taylor: Grundsätze. S. 77.

sein Wert — vom wissenschaftlichen Standpunkt aus betrachtet — ein geringerer ist, als derjenige der vorhergehenden Systeme. Den Beweis dafür wollen wir durch eine Analyse der verschiedenen bestehenden Prämiensysteme erbringen.

Die Lohnsysteme von Halsey und Rowan stellen den Endpunkt einer Reihe von Verbesserungen in der Festsetzung des Lohnes dar, die als gemeinsames Ideal die Entlohnung des Arbeiters entsprechend seiner Leistung haben.

Weiterhin stellten die Yale and Towne Manufacturing Co. (Vereinigte Staaten)[1]), die Schiffskonstruktionswerkstätten Thames Iron Works[2]) und die Dampfmaschinen-Konstruktionswerkstätten Willans and Robinson Ldt.[3]) Versuche nach dieser Richtung an.

Die letztere hat beinahe die Vollkommenheit erreicht; je geschickter der Arbeiter ist, desto höher wird seine Prämie, ohne daß dabei eine Grenze festgesetzt ist. Schon letztere Tatsache bestätigt die Überlegenheit dieser Methoden über diejenige von W. Taylor.

Ein Einwand blieb jedoch bestehen: um die Prämie zu berechnen, mußte ein Grundpreis bestimmt werden. Indem Halsey als Grundlage der Berechnung der Prämie die tatsächliche Arbeitszeit annahm, hat er die kritisierte Theorie einen wichtigen Fortschritt vollenden lassen.

Das Halseysystem wird seit 1890 in der Canadian Rand Drill Co. angewendet. Es beruht auf folgendem Grundsatz: Die aus der Erhöhung der Produktion im Verhältnis zu einer als Grundlage angenommenen Zeit erzielten Gewinne werden zwischen Arbeiter und Arbeitgeber geteilt[4]).

Man stellt unter allen Umständen vor der Lohnfestsetzung einen Akkordzettel auf. Dabei wird angenommen, daß der Arbeiter für eine gegebene Arbeit b Franken pro Stunde erhält, und daß die Arbeitsdauer a Stunden beträgt.

---

[1]) Towne: Transactions of the American Society of Mechanical Engineers. Bd. 10, S. 600. New York 1889.
[2]) Schloß: Report on Gain-Sharing and System of bonus on production. London. Board of Trade Publications: 1895.
[3]) Schloß: a. a. O. 1896.
[4]) Halsey: Transactions of the American Society of Mechanical Engineers. Bd. 12. New York 1891. Vgl. auch Halsey: Sibley Journal of Engineering. März 1902.

Unter der gewöhnlichen Stücklohnarbeit wird der Lohn, insofern der Arbeiter innerhalb der vorgesehenen Zeitgrenzen verbleibt, $$X = a \times b \text{ sein.}$$

Arbeitet der Arbeiter schneller, macht er x Stunden, statt a, bleiben die Elemente der Lohnberechnung dieselben[1]). Beim Halseysystem dagegen erhält er einen Zuschlag von 50 oder 30% der ersparten Zeit. Letztere wird ermittelt durch Subtraktion der wirklich verwendeten Zeit von der Grundzeit. Die Formel dieses Systems kann im ersten Falle sein:
$$X^1 = b \times x + (a \times b - b \times x) \frac{50}{100};$$
und im zweiten Falle:
$$X^2 = b \times x + (a \times b - b \times x) \frac{30}{100}.$$

Die Lohnberechnung vollzieht sich auf einfache Weise und ohne Einwendungen, da alles vorgängig durch den Akkord geregelt ist und der Arbeitgeber — im Gegensatz zum Taylorsystem — keine Erwägungen rein subjektiver Natur eintreten lassen kann.

Wir geben hier den Prämienzettel eines amerikanischen Betriebes wieder, wo der Lohn durch Anwendung der ersten Formel berechnet wird. Das Lesen des Prämienzettels ist für den Arbeiter sehr leicht, und der Arbeitgeber war bestrebt — in der untenstehenden Notiz — die Vorteile des Systems und die Garantie, die es dem Arbeiter bietet, hervorzuheben (vgl. S. 70).

Aus Gründen, die weiter unten angeführt werden sollen, hat es Rowan zweckmäßiger gefunden, dem Arbeiter, der überproduziert, seinen Anteil am realisierten Gewinn in anderem Verhältnis zu gewähren[2]).

Das Rowansystem findet seinen Ausdruck in der folgenden Formel:
$$X_3 = b \times x + b \times x \frac{a \times b - b \times x}{a \times b}.$$

---

[1]) Um die in dem Akkordzettel möglichen Irrtümer auszuschalten, nimmt man in der Praxis an, daß, wenn ax kleiner ist als X, X_1, X_2, X_3, der Vertrag ungültig ist.
[2]) J. Rowan: Transactions of the Institution of Mechanical Engineers. London 1901.

Prämienzettel.

Name des Arbeiters: John.

Auszuführende Arbeit: Polieren eines Zylinders.

Anzahl der Stücke: 1.

Bemerkungen: ....

....

....

Arbeit begonnen den 26. März, 3 Uhr nachmittags, beendigt den 29. März, 10 Uhr morgens.	Datum der Übergabe der Stücke an den Arbeiter: 25. März.

Zeit	Stunden	Stundenlohn	Gesamtpreise
Verwendete Zeit	25	0,70	19,50
Grundzeit	17	0,70	11,90
Ersparte Zeit	8	0,70	5,60

Ich bescheinige, die obigen Stücke nach erfolgter Untersuchung angenommen zu haben. Der Werkstattmeister: .... Datum:	Prämie 50%	2,80
	Selbstkostenpreis der Arbeit	14,70
	Anzahl der Stücke .	1
	Selbstkostenpreis des Stückes	14,70

Notiz. Die einmal festgesetzte Grundzeit wird nicht mehr abgeändert, falls nicht neue Arbeitsmethoden entdeckt werden. In diesem Falle muß eine neue Abmachung mit dem Arbeiter getroffen werden.

Jede Prämie ist am nächsten Zahltag zahlbar, vom Tage der Ablieferung der ausgeführten Arbeit an gerechnet.

Ein Arbeiter, der unter denselben Bedingungen wie derjenige, dessen Prämienzettel wir weiter oben angeführt haben, arbeitet, müßte infolgedessen verdienen:

$$X_3 = 17 \times 0{,}70 + 17 \times 0{,}70 \, \frac{25 \times 0.70 - 17 \times 0{,}70}{25 \times 0{,}70}$$

$X_3 = 15{,}708$.

Dieser Arbeiter wird somit beim Rowansystem ca. 1 Franken mehr verdienen als beim Halseysystem mit 50%.

Jedoch bleibt dieser durch den Arbeiter erzielte Gewinn nicht konstant. Je nach der Länge der der Arbeit gewidmeten Zeit, d. h. nach der getätigten Anstrengung, verändern sich die dem Arbeiter gewährten Gewinne in dem einen und anderen System in umgekehrtem Verhältnis.

Um somit den Wert eines jeden Lohnsystems zu beurteilen und den Beweis zu erbringen, daß eine Hierarchie der verschiedenen Lohnmethoden — aus welcher jedoch das Taylorsystem ausgeschlossen ist — besteht, müssen wir den tatsächlichen Stundenlohn des Arbeiters feststellen und die verschiedenen Lohnmethoden vergleichen.

Wir entnehmen diese Berechnungen einer zur Zeit noch unveröffentlichten Arbeit, in welcher ein Ingenieur, R. Guillery, seit 1904 die Löhne auf Stücklohn arbeitender Arbeiter mit denen der Halsey- oder Rowanprämien graphisch verglichen hat.

Es sei y, sagt er, der effektive Stundenverdienst jedes Arbeiters, und dieser Wert verändere sich mit x Stunden, d. h. der Zeit, die er zur Ausführung der Arbeit verwendet hat.

In dem einen oder anderen System wird die Summe, die er bei der Abrechnung in Empfang nimmt, d. h. X, sein:

$$X = xy.$$

Stücklohnsystem. Im Falle der gewöhnlichen Stücklohnarbeit ist der tatsächliche Stundenverdienst umgekehrt proportional der der Ausführung gewidmeten Zeit, und da der Arbeiter bestenfalls nur $a \times b$ beziehen kann, ist die Gleichung, die den tatsächlichen Verdienst y mit der Zeit x verbindet:

$$xy = ab. \tag{1}$$

Es ist die Gleichung der auf ihre Asymptoten zurückgeführten gleichschenkligen Hyperbel (Abb. 5).

Halseyprämie von 50%. Im Falle der Halseyprämie von 50%, haben wir:
$$xy = bx + (ab - bx)\frac{50}{100}$$
oder auch
$$xy = \frac{b(x+a)}{2}$$
und wenn man durch x dividiert, erhält man:
$$y = \frac{ab}{2x} + \frac{b}{2}. \tag{2}$$

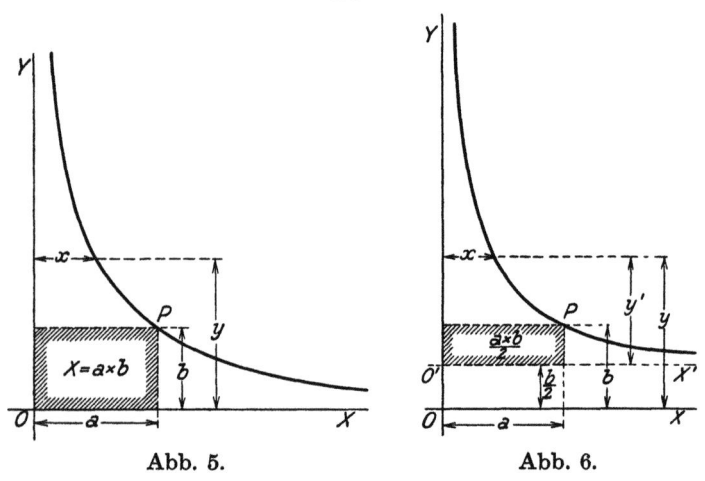

Abb. 5.   Abb. 6.

Auch in diesem Falle erhalten wir die Gleichung der gleichschenkligen Hyperbel, deren horizontale Asymptote ox' sich in einer Entfernung von $\frac{1}{2}$ von der Nominale des Arbeiters über der Achse von x befindet (Abb. 6).

Bezieht man sich auf diese Asymptote als Achse von x, wird man erhalten:
$$y' = \frac{ab}{2x} \quad \text{oder} \quad xy' = \frac{ab}{2},$$
was nichts anderes darstellt als die Gleichung der auf ihre Asymptoten zurückgeführten Hyperbel.

Halseyprämie von 30%. Im Falle der Halseyprämie von 30% haben wir
$$xy = bx + (ab - bx)\frac{30}{100},$$

Die Löhne.

woraus man:
$$y = \frac{30\,ab}{100\,x} + \frac{70}{100}b \tag{3}$$
zieht.

Dies stellt wiederum eine gleichschenklige Hyperbel dar, deren horizontale Asymptote parallel der Achse von x sich in einer Entfernung von $\frac{70}{100}b$, d. h. $\frac{70}{100}$ von der Stundennominale des Arbeiters befindet (Abb. 7).

Die auf die Asymptote $o''x''$ zurückgeführte Kurve würde in der Tat als Achse von x die Gleichung $y'' = \frac{30\,ab}{100\,x}$ ergeben, oder $xy'' = \frac{30}{100}ab$, d. h. xy'' = Konstante.

Rowanprämie. Im System Rowan haben wir:

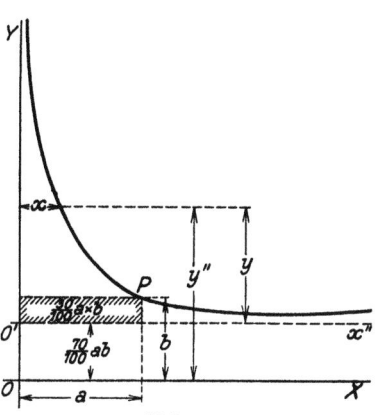

Abb. 7.

$$xy = bx + bx\frac{(ab - bx)}{ab},$$
woraus man
$$y = b + b\left(1 - \frac{x}{a}\right)$$
zieht, oder auch
$$y = 2b - \frac{bx}{a}, \tag{4}$$

was nichts anderes darstellt als die Gleichung einer geraden Linie, deren winkliger Koeffizient $-\frac{b}{a}$ ist (Abb. 8).

Für $x = o$ hat man: $y = 2b$, und für $y = o$ hat man: $x = 2a$.

Ist somit das Maximum $y = 2b$, so ergibt sich, daß bei diesem System der Gewinn auf 100% beschränkt ist, was bedeutet, daß der Arbeiter niemals einen Lohn

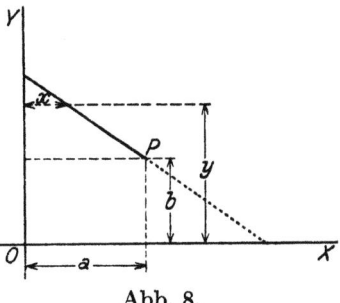

Abb. 8.

beziehen kann, der das Doppelte von dem überschreitet, was er bei Stundenlohn beziehen würde.

Vergleich der verschiedenen Systeme. Um die vier Prämiensysteme zu vergleichen, genügt es, von denselben gemeinsamen Tatsachen ausgehend, deren graphische Darstellung mit denselben Koordinaten ox und oy vorzunehmen (Abb. 9).

Diese Gegenüberstellung zeigt, daß die Kurven einen gemeinsamen Berührungspunkt, P, haben, welcher dem Falle entspricht, wo der Arbeiter zur Ausführung seiner Arbeit genau die

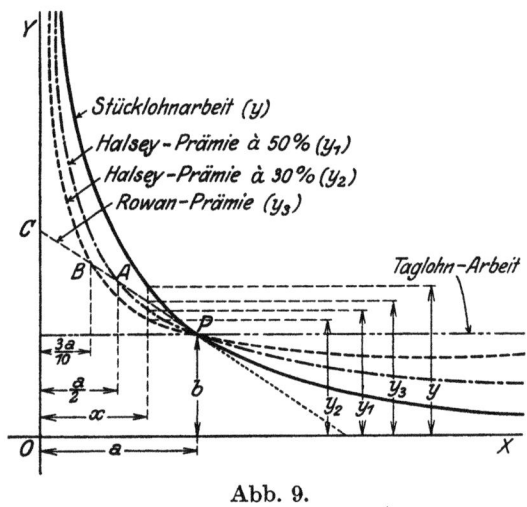

Abb. 9.

ursprünglich vorgesehene Zeit beansprucht. In diesem Falle ist $x = a$ und $y = b$; es gibt somit weder Gewinn noch Verlust, und der Arbeiter bezieht genau seine stündliche Nominale.

Geht man vom Punkte P aus, und betrachtet man die Seite der Gewinne, wo x, d. h. die Anzahl der Stunden sich vermindert, so zeigt die Neigung der vier Linien, auf welche Weise die ersten Anstrengungen belohnt werden.

Die am meisten auf der Vertikalen geneigte Linie ist diejenige der Stücklohnarbeit, dann folgt die Rowanprämie, dann diejenige von Halsey von 50% und endlich diejenige von Halsey von 30%. Für die Zeit x hat man $y > y_3 > y_1 > y_2$, wenn x den ersten Anstrengungen entspricht.

Dieser Vergleich, der uns erlaubt, den respektiven Wert der verschiedenen Lohnsysteme zu beurteilen, kann sich nicht auf das Taylorsystem erstrecken, weil dieses im Lohne eine Kontinuitätslösung anstrebt, was bei der Anstrengung nicht der Fall ist. Wenn W. Taylor uns die dazu notwendigen Mittel geliefert hätte, wären wir zweifellos in der Lage, sein Lohnsystem graphisch darzustellen. Um aber diese Erscheinung der Diskontinuität zur Darstellung zu bringen, hätten wir zwei Kurven konstruieren müssen statt einer. Aus dieser Notwendigkeit, zwei Kurven aufzustellen, ergibt sich bereits die Unterlegenheit des Systems. Der allzu große Anteil, der dem freien Ermessen des Betriebsleiters überlassen wird, kommt darin zum Ausdruck. Somit beruht das Taylorsche Lohnsystem auf weniger objektiven Grundlagen als die anderen.

Faßt man die Wirkungen ihrer Anwendung ins Auge, tritt die Überlegenheit der letzteren noch schärfer hervor.

Als das rationellste von allen erscheint das Rowansystem. Es erlaubt den Abschluß eines unveränderlichen Vertrags, ohne Rücksicht auf die Anzahl der herzustellenden Stücke und die Anstrengung des Arbeiters, um seine Leistung zu erhöhen.

Die Ursachen der Aufhebung des Vertrags können von zweierlei Art sein: entweder kann der Arbeiter die festgesetzte Leistung nicht erreichen, oder er überschreitet sie dermaßen, daß er alle Gewinne der Unternehmung verschlingt. Diese beiden Klippen sind insbesondere bei der Stücklohnarbeit zu befürchten.

In dieser Hinsicht verkörpert das Halseysystem von 50% einen wichtigen Fortschritt. Jedoch kann ihm vorgeworfen werden, daß es die letzten Anstrengungen zu stark, die ersten dagegen zu wenig belohnt. Obschon der für Überproduktion gewährte Mehrverdienst denjenigen beim Stücklohn nicht erreicht, kann er die Grenze des Zweckmäßigen überschreiten und daher zu Konflikten führen.

Das Rowansystem weist zahlreiche Vorteile auf. Es beschränkt den Gewinn des Arbeiters auf eine für den Arbeitgeber immer zulässige Höhe, indem es die ersten Anstrengungen besser entlohnt als die letzten. Die letztere Tatsache — die nach der Ansicht vieler eine Ungerechtigkeit enthält — bringt noch einen anderen Vorteil mit sich. Es kann darin ein Hinweis für den

Arbeiter liegen, seine Anstrengung zu vermehrter Produktion zu beschränken, da infolge der zunehmenden Verminderung der Prämie das materielle Interesse mehr und mehr abnimmt.

Dieser Umstand erklärt, warum W. Taylor mit Absicht die neben dem eigenen System bestehenden, wissenschaftlich überlegeneren Lohnverfahren unberücksichtigt gelassen hat. Und hier verbindet sich unsere Betrachtung mit derjenigen der Ermüdung der Arbeiter, die wir in den nächsten Kapiteln vornehmen wollen. Trotz den Behauptungen von W. Taylor tritt mit Klarheit hervor, daß die Berücksichtigung der Gesundheit der Arbeiter in seinem System im Hintergrunde steht.

Aus unserer Darstellung der verschiedenen Lohnbemessungsmethoden geht hervor, daß wir keineswegs das Ziel verfolgten, den Grundsatz der Lohnarbeit zu verteidigen oder zu bekämpfen. Sie stellt den einzigen Modus dar, der zur gegenwärtigen Zeit die Beziehungen zwischen Kapital und Arbeit regelt. Auf der anderen Seite aber kann nicht geleugnet werden, daß er in seiner Anwendung mehr oder minder gerechte Methoden enthält. Von diesem Standpunkt aus betrachtet, ist die Methode von W. Taylor den anderen in keiner Weise überlegen.

Sechstes Kapitel.

Die innere Organisation des Betriebs.

Die Bewegung zugunsten der Taylorschen Grundsätze, sowie der Mangel an kritischem Geiste seitens derjenigen, die das Werk des amerikanischen Ingenieurs studierten, haben zur Entstehung des Vorurteils geführt, daß das neue System auf radikale Weise die Betriebsorganisation umgewälzt und da rationelle Ordnung geschaffen habe, wo vordem Willkür herrschte. Nichts ist jedoch weniger zutreffend. In gleicher Weise wie die Taylorschen Zeitstudien lediglich eine Systematisierung der älteren Verfahren darstellen, sein Lohnsystem ein Versuch der Reglementierung, der unter vielen anderen ihm gleichwertigen oder sogar überlegenen besteht, in gleicher Weise endlich, wie die berufliche Auslese bereits in allen industriellen Betrieben gehandhabt wird, wo die Möglichkeit der ungehinderten Rekrutierung besteht, beschränkt sich die von Taylor vorgeschlagene innere Betriebsorganisation darauf, bereits überall angebahnte Fortschritte zu verwirklichen und zu erweitern. Um den ihm zukommenden Anteil an Erfindung zu erkennen, werden wir die Organisation und Funktion einer modernen, nicht taylorisierten Fabrik studieren und sodann sehen, was W. Taylor hinzufügt. Im Laufe dieser vorläufigen Betrachtung werden wir Anlaß haben, zu zeigen, welches die soziale Aufgabe des Fabrikbetriebes ist, und dadurch den Standpunkt, auf welchen sich Taylor gestellt hat, weit hinter uns lassen.

1. Der moderne Fabrikbetrieb.

a) Seine Organisation. Um sich über die Tragweite der Neuerungen, die das Taylorsystem in die Betriebsorganisation eingeführt hat und seine sozialen Wirkungen Rechenschaft zu geben, empfiehlt es sich, zunächst die Funktionsweise der gegenwärtigen Betriebsorganisation und ihre Rolle im Wirtschaftsleben zu bestimmen. Allerdings weist jeder Betrieb ihm eigentümliche Merkmale auf, aber, nimmt man als Vorbild den modernsten Typus, so ist man in der Lage, ein schematisches Bild, welches der Wirklichkeit sehr nahe steht, zu entwerfen.

Im allgemeinen umfaßt der Betrieb folgende Funktionen:
1. Die Direktion, welche die Verwaltungsabteilungen umfaßt: eigentliche Direktion und Buchhaltung, sowie die technischen Abteilungen: Konstruktions- und Ingenieurbureau;
2. Die Werkstattleiter;
3. Die Werkstattmeister;
4. Die Rottenführer;
5. Die gelernten Arbeiter;
6. Die ungelernten Arbeiter.

In Rücksicht auf den besonderen Charakter dieser Studie werden wir die Natur der Arbeit, die von den gelernten und ungelernten Arbeitern geleistet wird, näher ins Auge fassen. —

Der ungelernte Arbeiter. Er wird für die gröbsten Arbeiten verwendet. Ihm fällt die Handhabung der Rohstoffe und Materialien zu. Die überzeugendsten Untersuchungen von W. Taylor haben seine Tätigkeit zum Gegenstande. Jedoch hat sie im modernen Betriebe keine Daseinsberechtigung mehr, weil diese Arbeiten in zunehmendem Maße von Maschinen ausgeführt werden. Indessen ist der ungelernte Arbeiter nicht aus dem Betriebe verschwunden. Man überläßt ihm die Herstellung derjenigen Werkstücke, die keine besonderen Kenntnisse erheischen. Da der Gang der von ihm benutzten Maschine ein für allemal vom Werkstattmeister geregelt ist, benutzt er lediglich deren automatische Tätigkeit. Um nicht die Beispiele zu vervielfältigen, erinnern wir daran, daß der Arbeiter, der mit dem Richten von Kugellagerlaufringen beschäftigt ist, indem er sich der Magnetplatte bedient, innerhalb sehr kurzer Zeit — kaum einige Sekunden — eine Reihe von neun Bewegungen ausführen, und, um eine gute Leistung hervorzubringen, eine große Anzahl Stücke produzieren muß[1]). Er muß also seine Aufmerksamkeit anspannen und eine große Präzision in seinen Bewegungen erreichen; es sind dies psychologische Fähigkeiten, die nicht alle Arbeiter in demselben Grade aufweisen; sie stellen bei denjenigen, die sie besitzen, eine wirkliche berufliche Überlegenheit dar. Dies ist aber nicht das einzige Zeichen der beruflichen Überlegenheit in den Arbeiten der Metallindustrie; in der Tat werden wir bald sehen, daß der qualifizierte Arbeiter, außer den Kenntnissen, die er im Laufe seiner Berufslehre erwirbt, psychologische Fähigkeiten besitzt, die etwas anderer Natur sind als die soeben erwähnten.

Der gelernte Arbeiter. Er muß eine Lehre absolvieren, die für die Dreher u. a. drei Jahre dauert. Er muß eine Skizze lesen können, und imstande sein, seine Maschine zu führen und zu regeln, um diese Skizze zu verwirklichen. Mit Hilfe der Maschine oder des Werkzeugs muß er aus dem Rohstoff einen bestimmten Gegenstand hervorgehen lassen, welcher früher bloß in der Form der graphischen Darstellung existierte. Endlich muß er für jedes neu auszuführende Werkstück die „Handgriffe" ausfindig machen. Nun sind bei gleicher Geschicklichkeit der Individuen diese Handgriffe von psychologischen Fähigkeiten abhängig, deren Einfluß selten erkannt worden ist. Anläßlich der Untersuchung der Arbeit in einer Werkstatt, wo Flugzeugmotoren hergestellt wurden, wies der Werkstattleiter darauf hin, daß, wenn ein und dasselbe Stück einer gewissen Anzahl von Arbeitern gegeben werde, jeder von ihnen es in einer verschiedenen Anzahl Stunden herstellt.

---

[1]) Die von uns beobachteten Arbeiter stelltten deren 90 pro Stunde her.

Handelt es sich aber um ein anderes Stück, so sind es keineswegs dieselben Arbeiter, welche es am schnellsten ausführen.

Die berufliche Überlegenheit kann nur mit Hilfe sehr feiner Beobachtungen festgestellt werden. Sie resultiert wahrscheinlich aus der Beziehung zwischen der Vorstellung, die sich der Arbeiter von der Arbeit macht, und ihrer motorischen Verwirklichungsmöglichkeit. Es erscheint somit angebracht, vorläufig jedem Arbeiter die Sorge zu überlassen, die Arbeitsart zu suchen, die seinen Fähigkeiten am besten entspricht. Ein Werkstattleiter, der die Analyse nicht so weit getrieben hatte, erklärte diese Unterschiede in der Geschwindigkeit, die bei gleichwertigen Arbeitern beobachtet wurden, durch die jedem eigentümliche Art und Weise „die Arbeit in Angriff zu nehmen".

Wird nach der dreijährigen Berufslehre aus einem Arbeiter kein vollwertiger qualifizierter Berufsmann, so fällt er damit noch nicht auf die Stufe eines Handlangers herab. Vielmehr bestehen im Betriebe eine gewisse Anzahl Arbeiten, welche die technischen Kenntnisse des qualifizierten Arbeiters erheischen und die hervorragenden Arbeiter nicht interessieren. Statt nun die letztern eine Arbeit ausführen zu lassen, bei welcher sich ihre Initiative nicht voll entfalten kann, wird man dieselbe den mittelmäßigen Arbeitern übertragen, so daß den bessern Arbeitern Gelegenheit geboten wird, wirklich überlegene berufliche Fähigkeiten zu entwickeln.

Psychologische Unterschiede zwischen dem gelernten und dem ungelernten Arbeiter. Es ist für die Untersuchung des Taylorsystems sehr wichtig, auf genaue Weise die Unterschiede der psychologischen Fähigkeiten festzustellen, die zur Ausführung der Arbeit des gelernten und des ungelernten Arbeiters notwendig sind. Der ungelernte Arbeiter paßt seine Bewegungen sowie seine Aufmerksamkeit mechanisch der auszuführenden Arbeit an, um dadurch möglichst rasch eine rhythmisierte Tätigkeit zu ermöglichen.

Der gelernte Arbeiter muß — außer den intellektuellen Fähigkeiten, welche die Berufslehre in ihm entwickelt hat — eine Aufmerksamkeit besitzen, die fähig ist, sich gleichzeitig verschiedenen Gegenständen zuzuwenden, und außerdem in der Lage sein, in jedem Augenblicke die Probleme zu lösen, die ihm durch die Vervollkommnung der Arbeit gestellt werden. Er strebt nicht rhythmisierte Bewegungen an, die in fortschreitendem Maße aus dem Gebiet des Bewußtseins in dasjenige des Unterbewußtseins übergehen können, sondern muß fortwährend seine Aufmerksamkeit auf Probleme intellektueller Natur lenken.

Dem ungelernten Arbeiter, der Kugellagerlaufringe mittels der Magnetplatte in die Höhe hebt, stellen wir beispielsweise den qualifizierten Arbeiter gegenüber, der auf der Drehbank Zylinder für Flugzeugmotoren herstellt. Man liefert ihm einen Stahlgußklumpen, den er, auf die außerordentliche Dünne der Zylinderwände und -boden achtend, aus- und abdrehen soll. Er muß sogar auf den äußeren Flächen des Klumpens das Metall auf derartige Weise entfernen, daß die Kühlungsrippen aus dem Vollen herausgeholt werden können.

Diese Arbeit ist langwieriger Natur, und die Anspannung der Aufmerksamkeit wird besonders notwendig, wenn jeder Teil der Arbeit sich seinem Ende nähert, und man vermeiden muß, daß das Stück eingeschlagen werde, was für den Betrieb und den Arbeiter einen ungeheuren Verlust bedeuten würde. Diese Aufmerksamkeitsleistung läßt mithin keinen Rhythmus zu. Die Aufmerksamkeit ist in ungleich großen Zeitabständen aktiv und ruhend. Zuweilen ist die Arbeit von so langer Dauer, daß der Arbeiter ohne Anstrengung mehrere Drehbänke führen kann.

Jedoch kann man sagen, daß seine Aufmerksamkeitsleistung derjenigen des ungelernten Arbeiters überlegen ist, denn er besitzt keine zeitlichen Anhaltspunkte (Rhythmen), und dennoch würde er einen großen beruflichen Fehler begehen, wenn im gegebenen Moment seine Aufmerksamkeit erlahmen würde. Der gelernte Arbeiter bezeigt somit eine unabhängigere und hochwertigere Aufmerksamkeit als der ungelernte.

Trägt das amerikanische System diesen psychologischen Unterschieden Rechnung? Keine Veröffentlichung von W. Taylor gibt hierüber den leisesten Aufschluß.

Außerdem ist in der Ausführung einer jeden Arbeit ein moralisches Element enthalten, welches von einer wirklich vernünftigen Betriebsorganisation nicht ignoriert werden kann; es ist die Redlichkeit, die der Arbeiter bei der vollkommenen Ausführung der Arbeit an den Tag legt.

Man kann sich mit Leichtigkeit die Folgen eines Irrtums in der Fabrikation eines Flugzeugmotors denken, der mit fehlerhaften Stücken montiert wäre, die sich dem selbst guten Beobachter, aber nicht dem die Arbeit ausführenden Arbeiter entziehen würde. Die Berufsmoral des französischen Arbeiters kommt unter anderm in der Tatsache zum Ausdruck, daß die ungeheure Menge der von der Industrie gelieferten Motoren keine Unfälle infolge mangelhafter Konstruktion veranlaßten. Es liegt somit in den meisten Fällen im Interesse der Industrie selbst, die Arbeit der qualifizierten Arbeiter nicht zu mechanisieren.

Der Rottenführer. Er beaufsichtigt die Arbeit einer kleinen Arbeitergruppe, deren Mitglieder er kennt, diszipliniert und durch seine eigene Arbeit und sein Beispiel anspornt. Zuweilen ist er sogar ihr Bevollmächtigter, indem gewisse Arbeiten im Gruppenakkord bezahlt werden.

Der Werkstattmeister leitet mehrere Rotten, sowie individuell arbeitende Arbeiter, die besondere Arbeiten ausführen. Die Arbeit wird von ihm gemäß den Fähigkeiten eines jeden einzelnen Arbeiters verteilt; er bestimmt die Höhe des Lohnes, sei es durch Schätzung, sei es, daß er selbst die Arbeit ausführt, um ihre Dauer festzustellen[1]).

Dem Werkstattleiter fällt die technische Leitung der gesamten Werkstatt zu. Jedesmal, wenn es notwendig erscheint, legt er selbst ,,Hand ans Werk"; er verkörpert den Arbeitern gegenüber jederzeit die technische Leitung, deren Interessen er vertritt.

Seine Kapazität beruht nicht allein auf technischen Kenntnissen, sondern vielmehr auf seiner Fähigkeit zum psychologischen Urteil; er stellt gleichsam den Eckstein des gesamten Betriebes dar.

b) Die soziale Funktion des modernen Fabrikbetriebes. Die interne Funktionsweise. Gemäß unseren früheren Ausführungen stellt der Fabrikbetrieb einen sozialen Organismus von einer derartigen Verwickeltheit dar, daß er, um reibungslos zu funktionieren, auf der Arbeitsteilung und auf der Hierarchie beruhen muß. Die Art und Weise, wie die Gewalt an die verschiedenen Stufen dieser Hierarchie verliehen ist, ruft meistens Arbeitskonflikte hervor, da einige diese Hierarchie festigen, andere sie dagegen zerstören wollen. Obwohl nun einerseits

---
[1]) In den von uns untersuchten Betrieben zog der Werkstattmeister bei den serienweise auszuführenden Arbeiten ein Zehntel der Zeit ab.

diese Hierarchie als unumgänglich notwendig erscheint, ist sie anderseits nicht ohne Gefahren.

Die Hierarchie ist notwendig, weil der Betrieb ein organisierter sozialer Körper ist, und weil, sei es um seine interne Funktion zu sichern oder seine externe Funktion zu ermöglichen, eine Arbeitsteilung notwendig ist, mithin auch verschiedene Stufen in der Einteilung der Arbeitenden.

Die durch den industriellen Betrieb verfolgten Zwecke gehen über die Kompetenz und Tatmöglichkeit des einzelnen Individuums hinaus. Der Vergleich mit dem lebenden Körper, der aus einer Unzahl sich durch ihre Funktion unterscheidender und hierarchisierter Zellen besteht, zeigt, daß die Zwecke, die das menschliche Lebewesen verfolgt, durch die Gesamttätigkeit dieser Zellen ermöglicht wird. Infolgedessen sind alle Zellelemente in gleicher Weise edel, weil in gleicher Weise für die funktionelle Synergie nützlich. Schleicht sich nun ein krankheiterregendes Element in die Harmonie des lebenden Körpers ein, so bewirkt dies eine Gleichgewichtsstörung. Ebenso können in einem sozialen Körper, wie ihn der Betrieb darstellt, alle Faktoren der Desorganisation als „krankheiterregend" bezeichnet werden. Alles, was verhindert, die Arbeit ohne Zeitverlust auszuführen, aus der Werkstatt in jeder Hinsicht vollkommene Gegenstände hervorgehen zu lassen, alles, was zwischen den Individuen, welche diese Kollektivität, den Betrieb, zusammensetzen, Reibungen veranlaßt, ist den krankheiterregenden Elementen vergleichbar. Wir bezeichnen damit ebensowohl den Arbeiter, der auf systematische Weise bummelt, sowie denjenigen, der sich der Sabotage schuldig macht, als auch die mißlichen Bedingungen des Maschinenwesens und gewisse Betriebsmethoden, die, weit davon entfernt, Harmonie zu schaffen, die Individuen oder Gruppen gegeneinander aufhetzen.

Die interne Funktionsweise des Betriebs erscheint somit als außerordentlich delikat; sie kann nur durch die Kenntnis aller in Betracht kommenden Interessen — kollektiver und individueller — untersucht und vervollkommt werden. Von diesem Gesichtspunkte aus erscheint die Hierarchie als eine aufsteigende Linie, bei welcher sich die koordinierten Betätigungen einreihen, nicht etwa wie verschiedene Kategorien, wo die Individuen selbständige Gewalten in diesem Ganzen darstellen. Es ist für die interne Funktionsweise des Betriebes verderblich, wenn bald die Gewalt der Betriebsleitung, bald diejenige der Arbeiter Arbeitsbedingungen aufzwingt, die mit dem kollektiven Interesse unverträglich sind.

Die externe Funktion. Übrigens ist das Betriebspersonal nicht allein an der reibungslosen Funktionsweise des Betriebs interessiert. Da derselbe der gesamten Gesellschaft die Arbeitsprodukte liefert, besteht eine Solidarität zwischen dem internen und dem externen Milieu. Die als „pathologisch" zu bezeichnenden Fälle liefern einen Beweis dafür. Da ist ein Betrieb, der durch die Konkurrenz aufgezehrt wird und verschwindet; da ist ein anderer, der sich abwechselnd in einer mißlichen Lage oder in Aufschwung befindet, je nachdem die ihm von außen zugeführten Kapitalien seinen Gang fördern oder beeinträchtigen und die Rohstoffe, welche seine Arbeit ernähren, und die Absatzgebiete, welche die Abfuhr seiner Produkte erlauben, mehr oder minder im Überflusse vorhanden sind. Zuweilen scheint die innere Funktionsweise zu gut gesichert; der Betrieb wird plethorisch, er stellt eine Gefahr für die Gesellschaft dar, die ihn assimilieren muß, sei es durch sehr strikte Aufsichtmaßregeln, sei es durch die Schaffung eines Monopols.

Eine der Funktionen des Betriebs besteht außerdem darin, auf die Individuen einzuwirken, um sie zu disziplinieren und aus ihnen sozial höherstehende Elemente zu machen, sowohl was ihre Tätigkeit, als auch ihre Intelligenz anlangt. Um diesen Zweck zu erreichen, muß er ihnen eine Tätigkeit verschaffen, die geeignet ist, in steigendem Maße ihre psychologischen Fähigkeiten auf Kosten der Muskeltätigkeit ins Spiel zu setzen.

Endlich spielt der Betrieb eine Rolle in der internationalen Konkurrenz, indem er den Reichtum des Landes vermehrt, ihm die wirtschaftliche und in gewissen Fällen sogar — durch die Hochwertigkeit des Kriegsmaterials — die militärische Übermacht verleiht.

So erweist sich die gut verstandene Hierarchie als eine unumgängliche Notwendigkeit, um den internen und externen Gang des Betriebs zu sichern. Aber seine Gefahren, die sich aus der Entwicklung seiner Funktionen ergeben, sind schwere: die Unterwerfung der internen Funktion unter die externe Funktion. Um den Reichtum der Unternehmung zu vermehren, neigt man zu einer übertriebenen Produktion, liefert dem Verbrauch minderwertige Produkte. Zuweilen erlangt dieser oder jener Industriezweig eine übertrieben große soziale Bedeutung, gegen die der Staat, der gleichsam das Gewissen der verschiedenen Gruppen darstellt, einschreiten muß.

Die Hierarchie kann auch zu einem Unterdrückungsmittel für das Individuum werden, indem sie demselben, im Hinblick auf das gemeinsame Interesse, eine übermäßige Leistung aufbürdet, sowie einen Zwang auf seine Ideen und Handlungen ausübt.

Unter solchen — tatsächlich häufigen — Bedingungen erscheint die Hierarchie nicht als ein Mittel, ein geordnetes Zusammenwirken und -arbeiten zu verwirklichen, sondern als ein Unterdrückungsmittel.

Aus dieser blinden Tätigkeit der Betriebe, wo die kollektiven Ziele, zu welchen sie streben muß, unberücksichtigt gelassen werden, resultieren immerwährende latente Konflikte zwischen den Nationen: Zollkriege, die begründeten Unwillen und Erbitterung hervorrufen, Notwendigkeit, die Nachbarländer mit Produkten zu überschwemmen und dadurch die nationale Initiative zu ertöten.

Eine Tatsache, aus tausend anderen herausgegriffen, wird den Stand der Dinge richtig beleuchten: Wenn auf der letzten Pariser Ausstellung der „Kunst für das Kind" vor dem Kriege, die im Museum Galliéra stattfand, die Puppen und gewisse moderne Spielsachen kaum ausgestellt wurden, so beruhte dies darauf, daß die Händler nicht wagten, in Deutschland verarbeitete Gegenstände auszustellen, die allmählich durch ihren Überfluß und ihren geringfügigen Preis die alte Technik des Pariser Spielzeugs ersetzt hatten.

Schließlich wollen wir nicht auf die in umfassender Weise bewiesene Tatsache besonderen Nachdruck legen, daß der moderne Krieg fast immer durch einen wesentlichen Faktor hervorgerufen wird: durch die Notwendigkeit für eine Nation, Absatzwege für ihre Überproduktion zu finden.

2. Der nach den Grundsätzen von W. Taylor organisierte Betrieb.

Während sich im nicht taylorisierten Betrieb die Verbesserungen aus der Gesamttätigkeit ergeben, führt W. Taylor in seinem Betrieb einen neuen Organismus ein: die „Verbesserungsab-

Der nach den Grundsätzen von W. Taylor organisierte Betrieb.

teilung". Von nun an erlangt die Rolle des Ingenieurs eine überwiegende Bedeutung, denn ausschließlich von ihm erwartet man nunmehr die notwendigen Umgestaltungen.

Der Ingenieur ist beauftragt, die Werkzeug- und Maschinentechnik zu verbessern, die Regeln der rationellsten Ausnützung der Arbeiterschaft herauszufinden, die Zwischenbeamten anzuleiten, und so drängt er selbst die Tätigkeit des Betriebsleiters in den Hintergrund. Admiral Edwards mußte trotz seiner scharfen Kritik des Taylorsystems zugeben, daß einer seiner Vorteile darin liegt, daß die Funktionen des Ingenieurs in der Betriebsverwaltung klarer bestimmt und erweitert werden.

Dagegen verliert die Rolle des Werkstattmeisters an Bedeutung, indem dessen Funktionen aufgeteilt werden.

Dank einem Arbeitanleitungs-Kartensystem kennt der Arbeiter genau die täglich auszuführende Arbeit; der Zeitstudienbeamte gibt ihm jederzeit die Mittel in die Hand, sie zu verwirklichen, und außerdem versichert sich ein Aufseher darüber, daß er die vom Zeitstudienbeamten festgestellten Bedingungen beobachtet.

So reduziert sich die Rolle des Werkstattmeisters auf die eines internen Polizeibeamten; man kann sogar die Zeit voraussehen, wo seine Funktion, infolge einer strikten allgemeinen Organisation unnötig geworden, von selbst verschwinden wird. „Bei einer solchen funktionalen Leitung", schreibt W. Taylor, „treten an Stelle des alten Meisters acht verschiedene Meister, von denen jeder seine speziellen Aufgaben hat . . . Einer von diesen Lehrern (Inspektor genannt), hat darauf zu sehen, daß der Arbeiter die Zeichnungen und den Inhalt der Instruktionskarten versteht. Er zeigt, wie dieser die gewünschte Beschaffenheit erzielen kann, wie ein Stück glatt und genau passend zu machen sei, wo diese Eigenschaften verlangt werden, und wie die Werkzeuge gehandhabt werden müssen, wenn man Genauigkeit und schöne Oberfläche nicht fordert — das eine ist gerade so wichtig wie das andere. — Der zweite Lehrer („Gangboß", Rottenführer) zeigt ihm, wie das Arbeitsstück auf der Maschine zu befestigen ist, und lehrt ihm, wie er alle seine Bewegungen am schnellsten und besten ausführt. Aufgabe des dritten („Speedboß", Geschwindigkeitsmeister) ist es, dafür zu sorgen, daß die Maschine mit der vorteilhaftesten Tourenzahl läuft, daß das geeignete Werkzeug benutzt wird, und daß die Maschine das Produkt in möglichst kurzer Zeit fertigstellen kann. Abgesehen von der Hilfeleistung durch diese Lehrer, erhält der Arbeiter Anweisungen und Unterstützung von dem Reparaturmeister bezüglich der Einstellung, Reinhaltung und allgemeinen Wartung seiner Maschine, des Riementriebes usw.; von dem Zeitbeamten (Timeclerk) bezüglich seiner Löhnung und der richtigen Ausfüllung der Zeitkarten; von dem Arbeitsverteiler (Routeclerk) bezüglich der Aufeinanderfolge der Arbeiten und des Transports der Arbeitsstücke aus einer Abteilung der Fabrik in eine andere; und wenn ein Arbeiter mit einem seiner verschiedenen Meister in Widerspruch gerät, so läßt ihn der Aufsichtsbeamte („Disciplinarian") zu einer Unterredung kommen"[1]).

Gilbreth hat die Taylorsche Betriebsorganisation charakterisiert, indem er sie der überlieferten hierarchischen Organisation gegenüberstellt, bei welcher jedes Individuum einem einzigen Vorgesetzten gegenüber verantwortlich ist[2]).

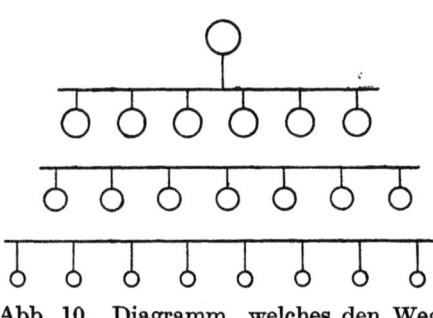

Abb. 10. Diagramm, welches den Weg der „Leitungen" in der überlieferten oder militärischen Organisation veranschaulicht (nach Gilbreth).

Die Gewalt wird bei der letzteren in gerader und direkter Linie ausgeübt, wie es der Fall bei der militärischen und religiösen Organisation und lange Zeit hindurch auch in der politischen Organisation gewesen ist. Dabei ergibt sich die Hierarchie mehr aus den Menschen und ihren Graden, als durch die von ihnen ausgeübten Funktionen. Gilbreth bringt diese Tatsache in Abb. 10 zum Ausdruck.

Im Taylorsystem dagegen vollzieht sich die Einteilung der Individuen ausschließlich nach Funktionen (gemäß Abb. 11), und sie unterscheidet sich leicht von der vorhergehenden.

---

[1]) F. W. Taylor: Grundsätze. S. 132—133.
[2]) Frank-B. Gilbreth: Units, methods, and Devices of measurement under scientific management. The Journal of Political Economy. Juli 1913. S. 618—629.

Der nach den Grundsätzen von W. Taylor organisierte Betrieb. 87

Es besteht hier eine Trennung zwischen der Vorbereitung und der Ausführung der Arbeit. Nicht weniger als acht Instruktoren befehlen direkt dem Arbeiter. Jede der vier Funktionen der Arbeitsuntersuchung ist selbständig, bleibt aber einerseits in Beziehung mit dem Arbeiter, anderseits mit den vier Funktionen der Ausführung. Die letzteren befinden sich ihrerseits in naher Beziehung mit dem Arbeiter.

Betrachten wir nun die Obliegenheiten einer jeden Funktion etwas näher.

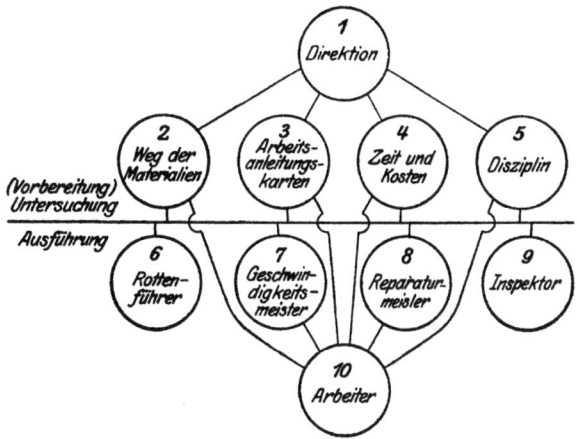

Abb. 11. Diagramm, welches das Prinzip der Funktionsweise in der wissenschaftlichen Betriebsführung veranschaulicht (nach Gilbreth).

Arbeitsuntersuchung. 1. **Weg der Materialien.** Die Funktionäre dieser Abteilung müssen zum voraus den Weg bestimmen, den jeder Rohstoff oder jedes Fabrikat zurücklegen muß, die Geschwindigkeit des Transportes, die Dauer des Aufenthaltes im Lager, der Übergang zu den verschiedenen Arbeitsoperationen. Im Baubetrieb wird der dieser Abteilung vorstehende Beamte beispielsweise darüber verfügen, an welchem Ort der Wagen eingestellt werden, an welchem Zeitpunkt derselbe zum Bauplatz zurückfahren, den Weg, den er zurücklegen, den Standort, an welchen er zuletzt gebracht werden soll, an welchem die Materialien ausgeladen werden, endlich, wer die Arbeit auszuführen hat. Ohne Zweifel kann in einem großen

Betrieb durch Umstellen der Maschinen sehr viel Zeit und Anstrengungen erspart werden.

2. **Arbeitsanleitungskarte.** Im allgemeinen enthält sie zweierlei Instruktionen; die einen für den Arbeiter über die Ausführung der Arbeit, die anderen für die Abteilungschefs über die Aufsicht bei einer gegebenen Arbeit.

Außer der Genauigkeit der sich auf die auszuführende Arbeit beziehenden Anweisungen, muß diese Abteilung die Mittel zur Einschränkung der Verschleuderung liefern, sowie gemäß den Anweisungen der vorhergehenden Abteilung den zu befolgenden Weg bestimmen.

3. **Zeit und Kosten.** Hat der Arbeiter seine Arbeit beendigt, wird ein Auszug der Zeit und der Kosten einem besonderen Beamten übergeben, welcher den Lohn einschließlich der Prämie und den Preis einer jeden sekundären Operation berechnet.

4. **Disziplin.** Der damit betraute Beamte muß Streitigkeiten beilegen, in erster Linie aber Konflikte voraussehen und sie nach Möglichkeit zu vermeiden suchen.

Funktionen der Arbeitsausführung. Der Rottenführer ist der Lehrer des Arbeiters. Er lehrt ihn die Arbeitsanleitungskarte lesen und spornt ihn an. Um ihn selbst anzuspornen, gewährt man ihm eine Prämie, deren Höhe proportional der Höhe der von den ihm unterstellten Arbeiter verdienten Prämie ist. Wenn alle Arbeiter eine Prämie erhalten, wird die seinige verdoppelt.

Der Geschwindigkeitsmeister regelt den Gang der Maschinen gemäß den in der Arbeitsanleitungskarte enthaltenen Anweisungen.

Der Reparaturmeister wacht über den guten Zustand und den Unterhalt der Maschinen. Er besorgt eigenhändig alle unaufschiebbaren Reparaturen.

Der Inspektor wacht darüber, daß alles in Ordnung ist, wenn ein Arbeiter das erste Stück einer Reihe in die Hand nimmt. Er übt fortwährend Aufsicht und Kritik aus, nicht aus Vergnügen, Fehler zu entdecken, sondern um sie zu korrigieren und zu vermeiden.

Dies ist, möglichst zusammengefaßt, das Schema, das uns Gilbreth von dem Taylorsystem entwirft. Dieses Schema hat den Vorteil, in klarer Weise den Zusammenhang des ganzen

Der nach den Grundsätzen von W. Taylor organisierte Betrieb. 89

Systems darzutun. Es kann jedoch die Frage aufgeworfen werden, ob in der industriellen Praxis alle diese Posten beibehalten werden können, und eine so große Zahl Beamte dem Arbeiter nicht die kleinen Ruhepausen entzieht, welche die berufliche Arbeit rhythmisieren, und insgesamt nicht ebensoviel Zeit verlorengeht, wie unter dem alten System. Dies zu untersuchen ist aber nicht der Zweck dieser Abhandlung. Es ergibt sich aus dieser vollkommenen Einrichtung des Betriebs, daß alles so organisiert ist, damit der Arbeiter viel produziere. Welches auch die für ihn geschaffene hygienische und moralische Lage ist, erscheint es darum nicht weniger klar, daß er es ist, der produziert, und daß die maximale Produktion des Betriebs aus der zweckmäßigen Anpassung seiner körperlichen und geistigen Tätigkeit resultieren muß.

Es kann sicherlich nicht in Abrede gestellt werden, daß diese neue Organisation, indem sie die Verantwortlichkeit der Betriebsleitung genau bestimmt, dazu beiträgt, das Arbeitsverhältnis zu ethisieren. Kein Betriebsleiter wird künftighin seinen Betrieb ignorieren, ihn lediglich als unversiegbare Quelle persönlicher Einkünfte betrachten können. W. Taylor spornt ihn — in seinem eigenen Interesse — an, fortwährend bestrebt zu sein, die technischen Verfahren zu verbessern, sowohl in bezug auf die maschinellen Einrichtungen, als auch im Hinblick auf die intensivere Ausnutzung der menschlichen Arbeitskraft. Die Befugnisse der Leitung sind so erweitert und vermehrt, daß es notwendig wird, sie unter eine Anzahl von Spezialisten zu verteilen, die die Aufgabe haben, die wissenschaftlichen Verfahren auf die menschliche Arbeit anzuwenden.

Die Betriebsleitung wird dadurch veranlaßt, ihren früheren Charakter, der im Widerspruche mit den heutigen Verhältnissen steht, zu modifizieren. Sie wird weniger persönlich, weniger selbständig; die Zahl der für die Lösung der Aufgaben notwendigen Mitarbeiter hat die Tendenz, sie kollektiv zu gestalten.

Die Unternehmung bleibt allerdings Privateigentum. Aber die Tätigkeit der Betriebsleitung teilt und spezialisiert sich. So entspricht das Taylorsystem den Notwendigkeiten der industriellen Entwicklung, welche infolge des Umfanges der Unternehmungen, der Kapitalkonzentration, der ungeheuren Ausdehnung des Maschinenwesens, dahin strebt, an Stelle der individuellen Anstrengung in der zentralisierten Produktion die synergischen Anstrengungen einer Gruppe zu setzen.

In dem nach den Taylorschen Grundsätzen organisierten Betrieb herrscht eine größere Ordnung, da alle verfügbaren Kräfte dem gemeinsamen Zwecke der intensiven Produktion dienstbar gemacht werden. Da das Ergebnis der Anstrengung aller zum voraus bekannt ist, ist die Betriebsleitung in der Lage, den Selbstkostenpreis der Fertigfabrikate festzustellen und als Folge davon für eine verhältnismäßig lange Zeit den Lauf der Unternehmung vorauszuberechnen.

Ohne diese neue Ordnung erscheint übrigens das Taylorsystem als unanwendbar. Es hat nur dann einen Wert, wenn die Arbeit des Arbeiters konstant bleibt. Tritt eine Verzögerung in der der Betriebsleitung zustehenden Vorbereitungsarbeit ein, so sieht der Arbeiter seinen Lohn sich vermindern, da jeder der Leistung gewidmete Augenblick „produktiv" für ihn und seinen Arbeitgeber sein muß.

Diese tiefgehende materielle Solidarität, die alle Mitarbeiter des Betriebs verbindet, ist nicht immer richtig verstanden worden. Was Frankreich anbetrifft, haben wir die Gewißheit erlangt, daß der unter dem Zwang des Taylorsystems stehende Arbeiter infolge der in der Verwaltung vorhandenen Lücken nicht immer die Vorteile daraus zieht, die ihm vorgespiegelt wurden.

Das Nachlassen der Produktion kann noch eine andere Ursache haben: die Unmöglichkeit des Absatzes der hergestellten Produkte. Haben die Industriellen, welche das Taylorsystem anwenden, damit auch die Gewißheit erlangt, daß sie ihre Produkte wirklich absetzen können? Eine neue Betriebsorganisation legt der Betriebsleitung auch die Notwendigkeit einer intensiveren kaufmännischen Tätigkeit auf.

Die neue Organisation stellt noch ein sehr schwieriges Problem, welches nach unserer Ansicht von W. Taylor in allzu summarischer Weise behandelt worden ist: dasjenige der Arbeiterpsychologie und der persönlichen Rolle, die derselbe in der Verbesserung der Technik spielt.

Entgegen den Behauptungen Taylors besteht die Haupttendenz seines Systems darin, die freie Initiative des Arbeiters durch eine neue zu ersetzen: die Unterstützung, die ihm durch den Arbeitgeber auferlegt wird. In der Tat umfaßt das System:

Der nach den Grundsätzen von W. Taylor organisierte Betrieb. 91

1. Experimentelle Untersuchungen, die ohne Mitwirkung des Arbeiters durchgeführt werden;
2. Die Spezialisierung, Ausbildung und Einübung des Arbeiters;
3. Die stete Beaufsichtigung des Arbeiters, um sich darüber zu vergewissern, daß die Arbeitsregeln strikte innegehalten werden;
4. Das Bestreben der Betriebsleitung, alle Arbeiten, die die Befugnisse des Arbeiters überschreiten, zu übernehmen. „Die Leitung nimmt alle Arbeit, für die sie sich besser eignet als der Arbeiter, auf ihre Schulter"[1]).

Umsonst behauptet W. Taylor, daß in seinem System „die Initiative des Arbeiters, d. h. angestrengtes Arbeiten, guter Wille und Findigkeit, absolut gleichmäßig, einen Tag wie den anderen und in größerem Maße gewonnen wird, als unter dem alten System überhaupt"[2]), man ist nichtsdestoweniger nicht in der Lage, den Anteil des Arbeiters an der technischen Verbesserung zu erkennen. Es will scheinen, daß W. Taylor dem Wort „Initiative" einen anderen Sinn verleiht als wir, und daß er sich mit Hilfe jener seinem System angefügten „Philosophie" täuscht, die letzten Endes nichts anderes als ein auf eine allzu einfältige Auffassung der Wissenschaft zurückzuführendes Glaubensbekenntnis darstellt.

Er schränkt tatsächlich die individuelle Initiative in dem Maße ein, als er die Arbeit teilt. Er folgt dabei wohl der Richtung der technischen, aber nicht derjenigen der menschlichen Entwicklung.

Sind dies wirklich im allgemeinen Interesse ergriffene Maßnahmen? ist es tunlich, die menschliche Tätigkeit bis zum äußersten zu spezialisieren, um dem einzelnen jeden Anteil am Gesamtwerke zu nehmen? oder erscheint es als zweckmäßiger, aus von W. Taylor stets verkannten Gründen, den Arbeitern die Möglichkeit zu lassen, die von ihnen angewandte Technik zu verbessern und den gesamten Mechanismus, in welchem sie ein Rädchen darstellen, zu erfassen?

Die strikte Art und Weise, wie W. Taylor die Zeitstudien angewendet wissen will, läßt in der Spezialisierung der Arbeiter einen derartigen Fortschritt verwirklichen, daß sie nunmehr als abgeschlossen betrachtet werden kann. Da der Zweck der maxi-

---
[1]) F. W. Taylor: Grundsätze.   S. 39.
[2]) F. W. Taylor: Grundsätze.   S. 37—38.

malen Leistung alle Kräfte des Arbeiters beansprucht, kann es sich nicht mehr darum handeln, auch nur einen winzigen Anteil derselben für die Erfindungsarbeit zu verwenden.

W. Taylor begeht einen Irrtum, wenn er annimmt, daß jede Spezialisierung einen technischen Fortschritt darstellt, weil in der Wissenschaft gerade die am meisten spezialisierten Arbeiter es sind, die den Methoden neue Entwicklungsmöglichkeiten eröffnen. Es würde einen Mißbrauch der Worte bedeuten, diese beiden Kategorien von Arbeitern zu vergleichen: den den Zeitstudien unterworfenen Arbeiter und den Laboratoriumsgelehrten. Alle Kräfte des einen sind der industriellen Produktion gewidmet; die Anstrengungen des anderen dienen zum großen Teil der schöpferischen Betätigung. Um dem Arbeiter einen aktiven Anteil am technischen Fortschritt zu sichern, muß vermieden werden, daß nach beendigtem Tagewerk seine Kräfte völlig erschöpft sind; er müßte vielmehr außerhalb seiner Arbeitszeit die nötige Muße finden, um über seine Berufspraxis nachzudenken und sich mit seinen beruflichen Interessen zu beschäftigen.

In bezug auf diesen Punkt befinden wir uns fast im Widerspruch mit W. Taylor, denn, wenn dieser häufig von Kooperation spricht, so faßt er dieses Wort im Sinne von Zwang auf.

Prof. Wallichs, einer der überzeugtesten Anhänger von W. Taylor, hat als Antwort an diejenigen, die behaupten, das Taylorsystem nehme dem Arbeiter den interessanten Teil seiner Arbeit weg, eine Seite geschrieben, welche in ganz besonderem Maße die Kritik herausfordert: „Die Trennung der manuellen und intellektuellen Arbeit stellt den Punkt dar, gegen den sich die Kritik des Taylorsystems vorzugsweise geltend gemacht hat ... Im Taylorsystem ist eine größere Zahl intellektueller Arbeiter notwendig. Statt $1/7$, $1/8$ oder sogar $1/12$ der Arbeiterzahl, gelangt es zu $1/8$. Man kann nun entgegnen, daß das Taylorsystem trotz der ihm gemachten Vorwürfe eine größere Zahl Arbeiter auf der beruflichen Stufenleiter emporhebt und in der rein mechanischen Tätigkeit das große Heer derjenigen beläßt, die zu jeder höheren Tätigkeit unfähig sind und derselben übrigens meistenteils feindlich gegenüberstehen würden"[1]).

---

[1]) Wallichs: Moderne amerikanische Fabrikorganisation. Technik und Wirtschaft. Jg. 1912, H. 1.

Soll man annehmen, daß die bis zum äußersten getriebene Auslese ein unvermeidliches Übel darstellt und zu zwei verschiedenen Menschentypen führt, wie es J.-H. Wells in seinem Roman „Die Zeitbeobachtungsmaschine" gezeigt hat? Nein, denn wer die sozialen Strömungen, welche im Laufe der verschiedenen Generationen entstehen, zu beobachten versteht, weiß, daß die höhere Menschheit sich unterschiedslos aus der Welt der Hand- und Kopfarbeiter rekrutiert.

Übrigens sind besser inspirierte Bestrebungen, als diejenigen von Taylor, getätigt worden, um die Beziehungen zwischen der Leitung und den Arbeitern auf andere Grundlagen als die des Zwanges zu stellen, der dem amerikanischen System eigentümlich ist. In Frankreich beispielsweise, im Betrieb Val-des-Bois, vereinigt sich ein aus dem Inhaber und einer Arbeiterdelegation zusammengesetzter Betriebsrat alle Wochen, um über die dem Wohle der Unternehmung nützlichen Verbesserungen zu beraten.

Anderswo, in den Kohlenbergwerken von Neusüdwales und der Grafschaft Monmouth, bindet ein jährlich erneuerter Vertrag die Verwalter der Gesellschaft und die Vertreter der Arbeiter. Man setzt darin die Höhe der Löhne der Bergleute proportional dem Ertrag der Unternehmung fest.

Es sind dies sicherlich keine vollkommenen und endgültigen Organisationstypen; wir wählten sie mit Absicht aus sehr verschiedenen Betrieben; der eine wurde durch die durchaus christlichen Gefühle des Betriebsleiters bedingt, der andere durch den Druck der syndikalistischen Bestrebungen. Sie besitzen den Wert von sehr unvollständigen Experimenten, aber sie dienen dazu, zu zeigen, daß die Möglichkeit besteht, eine wirkliche und nutzbringende Kooperation durch andere Mittel als durch den Zwang des Arbeitgebers zustande zu bringen.

In früherer Zeit besaß die Arbeit, indem sie weniger spezialisiert war, einen anziehenden und wohltätigen Charakter. Die Mannigfaltigkeit, die Initiative, der Rhythmus, den der Arbeiter darin fand, sind ihm entzogen worden, um sie mit der sich daraus ergebenden Verantwortlichkeit und den Lasten auf den Ingenieur und den Vermittlungsbeamten zu übertragen. So wird — überblickt man die Dinge objektiv und in ihrer Gesamtheit — der Arbeiter allein den Notwendigkeiten der modernen Arbeit geopfert. Um gerecht zu sein und in Rücksicht auf die Interessen der Rasse, schuldet man ihm deshalb billige Kompensationen. Er wird sie außerhalb des Betriebes, in einer größeren Freiheit, in dem materiellen und moralischen Wohlstand, in der direkten und bewußten Teilnahme an der kollektiven Aktion, finden. Diese Erwägungen, auf die wir nicht genug Nachdruck legen können, zeigen, wie außerordentlich umfangreich und vielgestaltig die Probleme, die W. Taylor durch die Reorganisation der Betriebe zu lösen glaubt, sind, und wie er kaum etwas anderes außerhalb der unmittelbaren Leistung gesehen hat.

Bei Nichtberücksichtigung dieser Momente wird man, wenigstens in Frankreich, Schwierigkeiten heraufbeschwören, welche die Anwendung des Systems unmöglich machen werden. Ein Betriebsleiter wird, nachdem er alle für die Umwandlung seiner Werkstätten notwendigen Geldopfer gebracht hat, auf eine von W. Taylor nicht genügend vorausgesehene Schwierigkeit stoßen: den Willen des Arbeiters. Der letztere, in systematischer Weise vom Reformplan ausgeschlossen, wird die Unterwerfung, die man von ihm erwartet, verweigern[1]).

Während der Arbeiter es zuläßt, daß er den Zeitstudien unterworfen wird, wenn er — zu seinem Vergnügen — einen Wettlauf zu Fuß oder mit dem Fahrrad unternimmt, erträgt er die Zeitstudien, welche ihm im Laufe seiner beruflichen Tätigkeit durch einen Vorgesetzten aufgezwungen werden, nur mit Widerwillen. Im Spiel, im Sporte wird in der Tat jede Messung der Leistung gutgeheißen, ja, direkt verlangt, denn sie drückt bloß die Feststellung einer eventuellen Überlegenheit aus. In der beruflichen Arbeit dagegen wird sie in Rücksicht auf Zwecke durchgeführt, die der Arbeiter nicht kennt, die er nur schlecht übersieht, denen er Mißtrauen entgegenbringt. Tatsächlich ist seine Haltung jene der Vorsicht.

---

[1]) Es sei jedoch hervorgehoben, daß Gilbreth in seinem Artikel: Units, methods and Devices of measurement under scientific management (The Journal of Political Economy. Juli 1913, S. 618—629) bemerkt, daß die von der Anwendung des Taylorsystems erhofften Resultate nur erreicht werden können, „wenn die Organisation durch die freiwillige Kooperation der Arbeiter unterstützt wird. Sonst besteht keine wissenschaftliche Leitung". Gerade in bezug auf diese freiwillige Mitwirkung des Arbeiters sündigt das Taylorsystem aus Mangel an Psychologie.

Der nach den Grundsätzen von W. Taylor organisierte Betrieb. 95

Da Taylor diese Geistesverfassung voraussieht, hört er nicht auf, auf die persönlichen und unmittelbaren Vorteile Nachdruck zu legen, die der Arbeiter aus den Zeitstudien zieht. Der Arbeiter dagegen ist sich bewußt, daß er nie wissen wird, in welchem Maße sein Mehr an Leistung dem Gewinn der Unternehmung entspricht.

Die Auffassung, welche W. Taylor veranlaßt, aus den Arbeitern ein Maximum an Leistung herauszuholen, hat ihn einige Faktoren in der industriellen Arbeit vernachlässigen lassen, ohne die in manchen Ländern keine vollkommene Produktionstätigkeit bestehen kann. Gewisse Arbeiter entwickeln bei ihrer Arbeit Fähigkeiten des Geschmacks, der Findigkeit, die ihr „Tun" von dem der anderen unterscheidet. Das Werkzeug, welches sie mit Geschicklichkeit zu handhaben verstehen, ist wie ihrem Körper angemessen, und in vielen Fällen würde es die Entziehung eines guten Teils ihrer Überlegenheit bedeuten, wenn man sie, wie W. Taylor es will, zwingen wollte, sich des gemeinsamen, auf der täglichen Arbeitskarte und im Lager numerierten Werkzeugs zu bedienen.

Noch eine andere Frage der Arbeiterpsychologie drängt sich auf: kann die Taylorsche Organisation den Arbeitern aufgezwungen werden?

Betriebsleiter, Ingenieure, Zeitstudienbeamte, Aufseher, alle werden das Taylorsystem bereitwillig annehmen, denn es liegt in ihrem Interesse, indem die ihnen übertragene Aufgabe nicht passiver Natur ist. Der Arbeiter aber, im Namen einer Wissenschaft, deren Gegenstand er nicht kennt, überanstrengt, alles dessen beraubt, was der früheren Arbeit Reiz verlieh, wird sich der neuen Organisation gegenüber widerspenstig zeigen.

W. Taylor schlägt ein Mittel vor, um diese Schwierigkeit zu beheben. Man muß die Arbeiter davon überzeugen, daß es in ihrem ureigenen Interesse liegt, die Bestrebungen der Betriebsleitung in der Richtung der Schaffung eines rationellen Arbeitssystems zu unterstützen. Seine — übrigens sehr summarischen — Überzeugungsmittel bestehen in der Inaussichtstellung einer Lohnerhöhung, ferner in dem Hinweis auf die Ehre, ein Mitarbeiter des Arbeitgebers zu werden und so an dem großen Werke der wissenschaftlichen Organisation der Arbeit mitzuwirken.

Erfolgt die Anwendung dieses Mittels rechtmäßig, so kann es gute Ergebnisse zeitigen. Aber hat es Taylor selbst angewendet?

Dies geht aus keiner bestimmten Tatsache hervor, und wir glauben nicht, daß seine Anwendung — selbst in Amerika — möglich ist, denn sie hätte eine vollständige Umgestaltung der Beziehungen zwischen Arbeitnehmer und Arbeitgeber zur Folge. Und es ist bekannt, daß sich die letzteren dem immer widersetzen.

Dagegen wird der Arbeiter unter Hinweis auf die tatsächlichen Verhältnisse diesen illusorischen Versprechungen folgende Argumente entgegenhalten: „Man erhöht meinen Lohn um 25—75%. Man erhöht auch meine Leistung und mithin meine Ermüdung. Man erhöht außerdem den durch die Unternehmung realisierten Gewinn. Besteht ein konstantes Verhältnis zwischen diesen verschiedenen Erhöhungen? Man muß mir den Beweis dafür liefern, sonst fühle ich mich übervorteilt; und versichert man mir, daß ich an dem großen gemeinsamen Werke mitarbeite, so will ich angehört werden, und wäre es auch nur im Hinblick auf die Sicherung meiner Gesundheit und meines Wohlergehens." Hat er das Buch von W. Taylor gelesen, wird sein Urteil noch schärfer sein, denn er wird sich der Worte erinnern: „Nun hatten wir durch eine lange Reihe von Experimenten und eingehenden Beobachtungen gefunden, daß ... wenn ihr Lohn über 60% erhöht wird, die Arbeiter vielfach unregelmäßig arbeiten, mehr oder minder zur Unzuverlässigkeit, Verschwendung und Vergnügungssucht neigen. Unsere Untersuchungen zeigten mit anderen Worten, daß es für die meisten kein Glück ist, zu schnell reich zu werden"[1]).

Eine derart einseitige Ansicht ist ein Beweis dafür, wie W. Taylor sein System aufzwingt, ohne sich um das Problem der Beziehungen zwischen Kapital und Arbeit zu bekümmern. Einerseits bringt er keine Lösung, anderseits erhöht er, durch das den Arbeitern aufgezwungene Mehr an Leistung, deren Ermüdung. Dem Übermaß an Leistung müßte — außer der sie begleitenden Lohnerhöhung — eine beträchtliche Verminderung der Arbeitsstunden entsprechen. W. Taylor hat daran gedacht, doch sind seine Maßnahmen nach dieser Richtung zu schüchtern, und der unaufhörliche Kampf, den er gegen die sogenannte „Bummelei" unternimmt, machen sie beinahe unwirksam.

---

[1]) F. W. Taylor: Grundsätze. S. 77—78.

Seine darauf bezüglichen Bemerkungen sind sogar derart ausweichend, daß gewisse Pariser Betriebe, welche die Zeitstudien einführten, im Jahre 1913 als Zahl der täglichen Arbeitsstunden 11 beibehielten, d. h. an der durch das Gesetz bestimmten Grenze[1]).

Derartige Mißbräuche, gegen die W. Taylor sich nicht energisch wendet, während er dies doch mit völliger Freiheit hätte tun können, interessieren sowohl die allgemeine industrielle Produktion als auch die Zukunft der Rasse. Sie werden nur durch die Kontrolle des Psychophysiologen vermieden werden können, dem die Aufgabe zufällt, dem Zeitstudienbeamten jedesmal beizustehen, wenn eine neue Arbeit im Betriebe eingeführt wird. Selbst der Arzt wäre nicht imstande, eine derartige Aufgabe zu übernehmen, denn er kann lediglich die krankhaften Zustände, sowie die Fälle extremer Ermüdung erkennen. Und diese Konstatierung kommt dann gewöhnlich zu spät. Der Psychophysiologe dagegen ist in der Lage, die Wirkungen einer neuen Arbeit zum voraus zu bestimmen und stellt durch stets erneuerte Experimente den Zeitpunkt fest, wo das Maximum der normalen Anstrengung erreicht ist. Diese Feststellung ist nicht leicht. Infolge der Veränderungen in der industriellen Technik treten die Zeichen, die früher die Muskelermüdung erkennen ließen, kaum noch in Erscheinung. Man muß neue ausfindig machen, die es erlauben, den Kräfteverbrauch, den Anstrengungen anderer Natur beim Arbeiter bewirken, festzustellen. Unsere eigenen Untersuchungen haben ergeben, daß die Beschwerden der Arbeiter über Erschöpfung berechtigt sind. Indem wir die Untersuchung des Mechanismus der Ermüdung, seiner Natur und Lokalisierung in Berufen, die keine Muskelanstrengungen erfordern, durchführten, haben wir die physischen Zeichen ermittelt, die ihre Erkennung erlauben, bevor sie allzu übermäßig wird. Diese ersten Versuche müssen weitergeführt werden, um zu einer großen Genauigkeit zu gelangen.

---

[1]) Der in Frankreich im Jahre 1919 eingeführte Achtstundentag hat die Frage der Ermüdung verschoben, welche sich heutzutage vielmehr auf die Auffindung des besten der Arbeit aufzuerlegenden Rhythmus bezieht, um in jedem Beruf ein Maximum der Leistung zu erzielen, als auf die massiven Wirkungen einer übermäßigen, durch lange Arbeitszeit bewirkten, Ermüdung.

Eine andere Methode würde vielleicht die Anwendung des amerikanischen Systems erlauben. W. Taylor hat sie nicht erwähnt, obschon sie in größerem Maße als die vorhergehende seinen Grundsätzen entspricht. Sie besteht darin, den Arbeiter einfach als eine „quantité négligeable" zu betrachten und die Betriebsorganisation ohne sein Wissen und Willen umzugestalten.

Tatsächlich wird der Arbeiter im Taylorsystem bloß als ein Stück des großen Schachbrettes betrachtet, welches den Betrieb darstellt. Die Betriebsleitung benutzt ihn zu ihm unbekannten Zwecken, denn, bemerkt Taylor, ein Handlanger ist außerstande, sich für die noch nicht feststehenden Gewinne des Geschäfts zu interessieren. Unter solchen Bedingungen erscheint es unnötig, ihm Erklärungen über die ihm auferlegte Arbeit zu geben. Dieser Weg des Vorgehens wird, so paradox das klingen mag, gegenwärtig am häufigsten — und zwar mit gutem Erfolge — eingeschlagen.

Das Taylorsystem kann nicht von einem Tag zum anderen in die europäischen Betriebe eingeführt werden, sondern allmählich und unter Verwendung der größten Behutsamkeit. Die Vorsichtsmaßregeln, die man zu treffen gezwungen ist, bieten Gewähr dafür, daß die Grundsätze von W. Taylor respektiert werden. Der Betrieb entwickelt sich in diesem Falle zu einer vollkommenen Organisation, wobei gleichzeitig die Gefahren einer plötzlichen Umwälzung vermieden werden.

In dem derart umgewandelten Fabrikbetriebe ist die Verantwortlichkeit des Betriebsleiters in starkem Maße erhöht. Weder die Mitwirkung der Arbeiterschaft, noch die Aufsicht der öffentlichen Gewalten können sie beim heutigen Stande der Gesetzgebung einschränken. Einzig und allein die Mitwirkung des von Parteiinteressen unbeeinflußten Laboratoriumsgelehrten wird in der Lage sein, den physischen Möglichkeiten der Arbeiter entsprechende Arbeitsregeln aufzustellen. Infolge eines unausrottbaren Vorurteiles sind die Industriellen jedoch bestrebt, das Werk der Wissenschaftler für sich in Anspruch zu nehmen.

Sicherlich ist die Wissenschaft von jeher die erklärte Feindin aller Organisationen gewesen, die sich der Evolution verschließen. Aber in den Fällen, wo W. Taylor sich wiederholt auf die experimentellen Entdeckungen beruft, um die Maschinen- und Werkzeugtechnik, sowie die innere Betriebsorganisation zu verbessern, müßten seine Nachahmer nicht wissenschaftliche Methoden wittern. Sonst würden sie die Meinung bekräftigen, daß ihr Wunsch nach Verbesserung nicht weiter reicht, als es der Zweck der intensiven Leistung erlaubt, und würden dadurch die rücksichtslosen Ansprüche der Arbeiterklasse rechtfertigen.

Demnach hat W. Taylor die Betriebsorganisation nicht in ihrer Gesamtheit umgestaltet; bestenfalls hat er den gegenwärtigen Fortschritt dadurch befördert, daß er einen „Organismus der Vollkommnung" einführte. Vom Zufall, von blinden wirtschaftlichen Kräften erwartet er nichts. Sein größtes Verdienst besteht zweifellos darin, die Neuerungen, die seine Erfahrung als Ingenieur ihm einzuführen befahl, selbst verwirklicht, die zersplitterten Kräfte in Rücksicht auf eine bestimmte Ordnung mittels systematischer Beobachtungen diszipliniert zu haben. Jedoch hat das straffe System, welches er aufgestellt hat, zwei Wirkungen, auf deren Gefahren aufmerksam gemacht werden muß: zunächst die Spezialisierung, die zweifelsohne ihre guten Seiten hat, die aber von allen anerkannten sozialen Maßnahmen begleitet sein muß, die den Zweck verfolgen, das Individuum und die Rasse zu schützen. Die — sogar außerhalb der Ermüdung durchgeführte — Reglementierung der Arbeitszeit verfolgt noch den Zweck, das geistige Leben des bescheidensten Arbeiters, und möge dasselbe noch so beschränkt sein, zu gewährleisten. Die zweite Wirkung besteht in der Verstärkung der Ermüdung bei den Arbeitern durch die in den Betrieb eingeführte neue Ordnung. Das Problem der Ermüdung stellt sich somit eindringlich bei jedem Versuch der praktischen Anwendung des Systems ein.

Werden diese beiden, durch die innere Betriebsorganisation hervorgerufenen Wirkungen rechtzeitig vorausgesehen, so können die Taylorschen Neuerungen gutgeheißen werden. Ordnung und Hygiene können in der Tat nur wohltuend auf alle Arbeiterkategorien wirken.

Das allerorts dem Taylorsystem entgegengebrachte Interesse ist zweifellos zum großen Teil darauf zurückzuführen, daß keine einzige andere Methode der rationellen Arbeitsorganisation demselben gegenübergestellt werden konnte. Dennoch haben diesbezügliche Bestrebungen, sowohl in Frankreich als in Amerika, keineswegs gefehlt. Und wenn auch keine den Umfang des Taylorismus aufweist, so haben doch die meisten im einzelnen bedeutende Fortschritte verwirklicht, die der Leiter der Bethlehem-Werke mit Nutzen hätte verwerten können.

So haben die Ford-Betriebe in Detroit eine in allen Stücken originelle Organisation geschaffen, welche, obschon sie weniger systematisch erscheint als diejenige von Taylor, letztere an technischem und produktivem Werte übertrifft.

Die Betriebsleiter haben hier ihr Hauptaugenmerk auf die Verbesserung der Maschinen- und Werkzeugtechnik gelenkt, um Verminderung des Herumtragens der geringsten Werkstücke und deren Ergänzung unter Vermeidung der Lagerung zu erreichen. Eine in der Tat ebenso große Neuerung als die, der Taylor seinen Ruhm verdankt.

Die Rohstoffe gelangen in den Betrieb und verlassen denselben in der Form eines fertigen Automobilwagens, ohne daß dabei die einzelnen Stücke gelagert werden. Das erzielte Ergebnis überschreitet alles, was bis zum heutigen Tage eine rationelle Produktionstätigkeit hervorzubringen erlaubt hatte. In der Tat konnten die Ford-Betriebe im Jahre 1914 — mit einer Arbeiter- und Angestelltenschaft von 15000 Personen — täglich über 1000 Automobilwagen liefern. Dies besagt, daß 15 Arbeiter im Durchschnitt täglich einen Wagen hervorzubringen imstande waren. Die Arbeiter arbeiteten 8 Stunden bei einem Minimallohn von 25 Franken. Die Wagen gelangten zu einem Preise zum Verkauf, der die französischen Industriellen außer Fassung brachte[1]).

Ford ist nicht der einzige, der Herstellungsverfahren von außerordentlicher Intensität verwirklicht hat. So haben in Frankreich Industrielle, die nichts vom Taylorsystem wußten, eine rationelle Betriebsorganisation eingeführt, die in jeder Hinsicht als Vorbild dienen kann. Wir haben Gelegenheit gehabt, eine solche in einer Strumpfwirkerei von Troyes beobachten zu können. Aber das bezeichnendste Beispiel wird uns von den Saint-Jacques-Werken in Montluçon geliefert, wo G. Charpy — welcher seither zum Mitglied des Instituts ernannt und mit der Leitung der

---

[1]) Vgl. über die Einzelheiten dieser eigenartigen Organisation H. L. Arnold und F. L. Faurote: Ford methods and the Ford shops. Bd. 1, 440 S., reich illustriert, New York 1915.

Der nach den Grundsätzen von W. Taylor organisierte Betrieb. 101

„Compagnie des Forges et Aciéries de la Marine et d'Homécourt" betraut worden ist — eine der schönsten Betriebsorganisationen unserer Epoche verwirklicht hat.

Eine Beschreibung seiner Methode befindet sich in einer durch die „Société d'Encouragement à l'Industrie Nationale" herausgegebenen kurzen Veröffentlichung[1]).

Das Werk von Charpy wird durch zwei Neuerungen gekennzeichnet: einerseits die zweckmäßige Arbeitsteilung, durch Trennung der Aufsichts- und Ausführungsarbeit; andererseits die Einführung eines rationellen Arbeitsrhythmus.

Eine bemerkenswerte Neuerung besteht darin, daß sich der Begriff der Aufsicht nicht auf die ständige Beobachtung der Bewegungen des Arbeiters, sondern vielmehr auf den Gang der Arbeit bezieht.

Die Beaufsichtigung der Erwärmungsöfen, sowie die Steuerung der Walzenstraßen (Aufeinanderfolge der Operationen und Beobachten der Klumpen im Ofen) fällt besonderen Beamten zu, die, von einer isolierten Kabine aus, den Gang der Arbeitsoperationen verfolgen und regeln. Somit ist der Arbeiter von der eingehenden Aufsichtstätigkeit entlastet, die in einfache und zweckdienliche Bureauarbeit verwandelt wird.

Diese Arbeitsteilung führt zu einer Spezialisierung der Fähigkeiten. Der Arbeiter, der vordem die Öfen beaufsichtigte und das Metall bearbeitete, wird nun durch zwei Arbeiter ersetzt: einen, der weiterhin das Metall bearbeitet, einen anderen, der — mit Hilfe der neuen wissenschaftlichen Methoden — den Gang der Operation beaufsichtigt und die Tätigkeit des ersteren regelt.

Die für den Walzer notwendigen Fähigkeiten sind einzig und allein die Kraft und die Geschicklichkeit. Anhaltende Aufmerksamkeit, Gedächtnis für Arbeitsoperationen darstellende

---

[1]) G. Charpy: Essais d'organisation méthodique dans une usine métallurgique. Bulletin de la Société d'Encouragement à l'Industrie nationale; öffentliche Sitzung vom 8. März 1919. Im Laufe derselben hat sich G. Charpy uns gegenüber eines Auslegungsfehlers schuldig gemacht, indem er uns vorwarf, an dem guten Willen der Arbeiter der rationellen Betriebsorganisation gegenüber zu zweifeln. Wenn wir sagten, daß sich der Arbeiter „der neuen Organisation gegenüber widerspenstig zeigen wird", so wollten wir damit nur das zwangsmäßig eingeführte Zeitstudienverfahren von W. Taylor treffen. Im übrigen teilen wir die Meinung von G. Charpy.

Zeichen sind die für den Bureauangestellten unerläßlichen Eigenschaften. In der Tat verfolgt letzterer von seiner Kabine aus die Operationen, die er nicht sieht. So erheischt jede Verbesserung der industriellen Technik eine weitere Ausbildung der physischen und psychischen Fähigkeiten, die in Betracht gezogen werden müssen. Demnach wird die unter Zuhilfenahme der Methoden der Psycho-Physiologie durchgeführte Auslese von Tag zu Tag dringlicher.

Eine derartige Umwälzung der Arbeitsverfahren in der Metallbranche ist nicht — wie es Taylor a priori behaupten würde — weniger ermüdend als der frühere Arbeitsmodus. Obschon Charpy nicht zum etwas einfältigen Zeitstudium von Taylor griff, vermochte er doch seinen Arbeitern eine gesteigerte Arbeitsintensität aufzuerlegen. Er zieht sie in das Räderwerk seines rationellen Systems hinein, welches sie zur Übermüdung führen würde, hätte er demselben nicht eine Methode beigefügt, die geeignet ist, ihnen die nötigen Ruhepausen aufzuerlegen.

Was diese Arbeitsorganisation kennzeichnet, ist der von allen freiwillig angenommene Arbeitsrhythmus. Dieser Rhythmus stachelt den Arbeiter nicht zur maximalen Produktion an, sondern reguliert und mäßigt seine Tätigkeit und sichert ihm dadurch genügende Ruhepausen. Das Arbeitstempo wird in der Tat von Charpy in Übereinstimmung mit den Arbeitern festgestellt.

„Die Arbeiter", sagt er, „unterziehen sich gerne diesem Arbeitsmodus; sie überzeugen sich sehr rasch davon, daß ihnen die rhythmisierte Arbeit bei gleichbleibender Leistung weniger Ermüdung bringt. Sie würdigen den Vorteil, eine in allen Einzelheiten genau bestimmte Aufgabe zu erfüllen und demnach von jedem ungerechtfertigten Vorwurf und willkürlichem Eingriff entlastet zu sein, was ihnen begreiflicherweise am widerlichsten ist. Das Arbeitstempo wird in Übereinstimmung mit ihnen für jeden besonderen Fall geregelt und kann ohne die geringste Schwierigkeit zu jedem beliebigen Zeitpunkt, ja sogar im Laufe des Arbeitstages, verändert werden. Man kann sicher sein, auf diese Weise die Übermüdung zu bekämpfen, die einen der schwersten Vorwürfe darstellt, den man der organisierten Arbeit gegenüber erheben kann. Mit der soeben beschriebenen, sehr biegsamen Methode kann man ein und dieselbe Arbeit mit verschiedenen Geschwindigkeiten ausführen lassen, je nach den besonderen Umständen eine höhere Leistung, eine intensive Produktion fordern, wenn der Zeitpunkt günstig ist, und wenn besonders eilige Arbeit vorliegt, .und auf der anderen Seite das Tempo während der starken Sommerhitze, oder wenn die Absatzverhältnisse sie auf eine große Zeitspanne zu verteilen erlaubt, ermäßigen. Dieser unregelmäßige Gang der Produktion ist weitaus logischer und menschlicher als die anhaltende Produktion mit einem Maximum realisierter Geschwindigkeit, welche man häufig als mit dem Taylorsystem verbunden betrachtet und die schwere Einwände vom physiologischen Standpunkt aus hervorruft[1]".

Diese beständige Sorge, den Arbeiter nicht bloß als ein Instrument zur intensiven Produktion zu betrachten, kennzeichnet die französische Organisation der Arbeit. Charpy reguliert nicht nur in Übereinstimmung mit den Arbeitern das Arbeitstempo, sondern er beschränkt — im Gegensatz zu dem Taylorsystem — mittels des Lohnsystems die Tätigkeit der Arbeiter, um deren Gesundheit zu schützen und die Qualität der Arbeit zu gewährleisten. So gewährt er u. a. eine Prämie für regelmäßige Arbeit. Nachdem er sich also mit den Arbeitern über die zu befolgenden Arbeitsregeln verständigt hat, verwendet er ihren Gewinn zur Aufrechterhaltung der freiwillig bewilligten Disziplin.

Man fühlt unbewußt, daß Charpy dem Physiologen den Anteil zuerkennt, der ihm in der Organisation der Arbeit zusteht. Unzweifelhaft muß die Methode eine Verbesserung erfahren, wenn die Ansicht des Psycho-Physiologen im Zeitpunkte der Feststellung der Arbeitsregeln angehört wird.

An dem Tage, an welchem diese Mitwirkung des Psycho-Physiologen beansprucht sein wird, werden die zwei großen Grundsätze einer jeden Organisation der Arbeit, die bei Taylor versagen, die vorgängige Auslese und die Untersuchung der menschlichen Arbeitsmaschine in Rücksicht auf die berufliche Betätigung in den industriellen Betrieben es erlauben, den französischen Methoden den amerikanischen gegenüber den Vorzug zu geben.

---

[1] Charpy: S. 201.

Siebentes Kapitel.
Die Physiologie der Arbeit nach W. Taylor und das Problem der Ermüdung.

Die Untersuchungen von W. Taylor. In unserer Betrachtung der allgemeinen Grundsätze des Taylorsystems haben wir mit Absicht die physiologischen Tatsachen, auf welchen der amerikanische Ingenieur seine Theorien aufbaut, außer acht gelassen. Dies aus dem Grunde, weil deren Wert und Tragweite sehr beschränkt sind und demzufolge sein Werk nicht zu charakterisieren vermögen.

In dem zwischen der menschlichen Physiologie, der industriellen Leistung und Reorganisation der Betriebe herzustellenden Zusammenhang liegt die ganze Schwierigkeit des gegenwärtigen Arbeitsproblems. W. Taylor hat mit Hilfe seiner etwas oberflächlich anmutenden „Philosophie" eine Lösung angestrebt; er hat jedoch bloß Gesamtergebnisse, aber keine präzisen Demonstrationen mitgeteilt, die geeignet wären, erstere zu beherrschen. Er hat ein Gesetz formuliert, ohne daß dasselbe durch vorgängige Experimente in genügender Weise gestützt wäre.

Für W. Taylor scheint das wissenschaftliche „Gesetz" eine Art Fetisch zu sein, und er vergißt häufig, daß dessen durch die Wissenschaft am klarsten gekennzeichnetes Merkmal darin besteht, relativ zu sein.

Dasjenige, welches er mit Bezug auf die Arbeit der Roheisenträger formuliert hat, ist trotz der zu seiner Auffindung geopferten Zeit und ungeheuren Geldmittel sehr unsicher. Dessen Entdeckung erfolgte auf folgende Art und Weise. Nach Vornahme einer großen Zahl direkter Beobachtungen, die keine anwendbare Anhaltspunkte ergaben, entschied er sich zur Verwendung der mathematischen Methode, indem er jedes Element der Kurven graphisch darstellte.

„Barth endeckte endlich", sagt er, „das Gesetz, welches den ermüdenden Einfluß schwerer Arbeit auf einen erstklassigen Arbeiter bestimmt. Dieses Gesetz ist so einfacher Natur, daß es wirklich sonderbar erscheint, daß man es nicht schon vor Jahren gefunden und klar erkannt hat.

„Es beschränkt sich auf die Klasse von Arbeit, bei der Erschöpfung die Grenze für die Leistungsfähigkeit eines Mannes

Die Physiologie der Arbeit und das Problem der Ermüdung. 105

bildet, d. h. bei der ein Mann zu arbeiten aufhören muß, weil er erschöpft ist. Es ist das Gesetz für schweres körperliches Arbeiten, welches eher der Arbeit des Lastpferdes als der des Rennpferdes entspricht. Fast jede derartige Arbeit besteht in Ziehen oder Stoßen mit den Armen, d. h. der Mann übt seine Kraft aus durch Heben oder Stoßen eines Gegenstandes, den er mit den Händen faßt. Das Gesetz besagt, daß bei derartiger Heb- oder Stoßarbeit der Mann nur während eines bestimmten Prozentsatzes der Tagesarbeit tätig sein kann. Z. B. beim Verladen von Roheisen in Barren von 45 kg kann ein erstklassiger Arbeiter 43% des Tages „unter Last" sein. Er muß 57% des Tages ganz frei von Arbeit sein. Mit Abnahme des Gewichts steigert sich die Zeitspanne pro Tag, die zum Arbeiten verwendet werden kann; wenn also der Arbeiter nur halbe Barren von 22 kg verladen soll, so kann er z. B. 58% des Tages „unter Last" sein und braucht nur 42% zu rasten. Je kleiner das Gewicht, um so länger können die Arbeitsperioden sein; schließlich gibt es eine Last, die er den ganzen Tag ohne Übermüdung tragen kann. Wenn dieser Punkt erreicht ist, hat das obige Gesetz keine Gültigkeit mehr, und es muß ein neues Gesetz gefunden werden[1]...

„Es ermüdet einen Arbeiter ungefähr gleichviel, ob er mit einem Roheisenbarren von 45 kg in den Händen geht oder ruhig dasteht, da die Muskeln seiner Arme gleichgespannt sind, ob er sich bewegt oder nicht. Doch ein Mann, der mit seiner Last still dasteht, leistet keine Meterkilogramme. Dies erklärt die Tatsache, daß bei den verschiedenen Arten von körperlicher Arbeit keine gleichbleibende Beziehung zwischen der Größe der aufgewendeten Anstrengung und der ermüdenden Wirkung der Arbeit besteht. Es leuchtet ohne weiteres ein, daß ein Arbeiter bei einer derartigen Tätigkeit die Hände frei haben, d. h. sich in häufigen Zwischenräumen ausruhen muß. Während der ganzen Zeit, während welcher der Mann „unter Last" ist, verbrauchen sich die Gewebe der Armmuskeln, und häufige Ruhepausen sind notwendig, damit diese Gewebe durch das Blut wieder erneuert und in normalen Stand gesetzt werden"[2]).

Auf diese wenigen Zeilen beschränken sich die physiologischen Erwägungen, die W. Taylor „Gesetze" nennt, und auf welchen

---
[1]) W. Taylor: Grundsätze. S. 60—61.
[2]) W. Taylor: Grundsätze. S. 62.

sein System aufgebaut ist. Es ist dies wenig, wenn man berücksichtigt, daß alle Arbeit unter Zuhilfenahme mannigfacher Zwangsmittel diesen Regeln unterstellt wird und innerhalb des Systems der Untersuchung der Ermüdung kein Platz eingeräumt ist. Andererseits ist es eine bekannte Tatsache, daß, wenn man im Menschen den Arbeitstrieb erweckt, man ihn zu denselben Exzessen verleiten kann, wie sie durch den spontanen Alkoholtrieb bedingt werden können. Das Taylorsystem zeigt die Tendenz, durch das Mittel der Überzeugung, des persönlichen Interesses oder des Zwanges im Arbeiter das Streben nach maximaler Leistung zu erwecken. Vielleicht liegt in diesem Bestreben des amerikanischen Ingenieurs bloß die Unkenntnis der Gesetze des menschlichen Organismus, denn sofern er die Wirkungen seiner Reformen auf die Gesundheit der Arbeiter hätte übersehen können, wäre man berechtigt, ihm mehr als einen schweren Vorwurf zu machen[1]). Wir sehen davon ab, schon hier dem Problem der Ermüdung eine Betrachtung zu widmen, indem es in einem der folgenden Kapitel unseres Buches zur Erörterung gelangen wird. Wir wollen uns hier auf die Untersuchung der Frage beschränken, ob — angenommen, die Beobachtungen seien in genügender Zahl und mit der größtmöglichsten Genauigkeit durchgeführt worden — die angeführten Gesetze sich mit Sicherheit davon ableiten lassen.

Gewiß besitzen die von W. Taylor zur Aufstellung dieser Gesetze verwendeten mathematischen Verfahren einen höheren Wert als die physiologischen Tatsachen, welche diese Beobachtungen beherrschen. Jedoch ist dieser Wert immer noch problematischer Natur, da wir weder die getreue Wiedergabe, noch die Darstellungen der Einzelheiten der in Bethlehem ermittelten Kurven besitzen. Es darf nicht übersehen werden, daß

---

[1]) Das Taylorsystem hat in Frankreich die allgemeine Aufmerksamkeit auf sich gelenkt, als die französische Übersetzung der „Grundsätze wissenschaftlicher Betriebsführung" erschien, sodann als infolge der Einführung des Systems in den Regnault-Werken daselbst mehrere Streiks ausbrachen. Von diesem Zeitpunkt an haben wir auf seine Schwächen und Gefahren aufmerksam gemacht. (L'Action nationale: Le système Taylor, le chronométrage et la sélection professionelle, Juni 1913. — La Revue Socialiste: Le système Taylor et l'organisation intérieure des usines, 15. August 1913. — La Grande Revue: Le système Taylor peut-il déterminer une organisation scientifique du travail ? 25. September 1913.)

dies das Urteil, welches man über den wissenschaftlichen Teil des Werkes fällen muß, in eigentümlicher Weise beeinflußt. Um dies in völlig gerechter Weise tun zu können, wollen wir in aller Kürze an die Technik der Kurvenkonstruktion erinnern.

Um die Kurve einer Erscheinung zu konstruieren, genügt es, eine bestimmte Anzahl charakteristischer Punkte dieser Kurve zu bestimmen und sie mittels einer ununterbrochenen Linie zu verbinden.

Man kann auf mathematischem Wege, durch die sog. Interpolationsmethode, eine beliebige Anzahl intermediärer Punkte der Kurve bestimmen. Man hat in der Tat beobachtet, daß die Gesetze der Naturerscheinungen im allgemeinen durch kontinuierliche Funktionen zum Ausdruck gebracht werden können. Unter diesen stellen die „vollen" Funktionen die einfachsten dar, die zu den gewöhnlichen Methoden der Interpolation führen. Dagegen bezeichnet man als Extrapolation diejenige Methode, welche den Wert einer Funktion durch irgendwelchen beliebigen Wert der Veränderlichen zu berechnen erlaubt, unter der Voraussetzung, daß man eine genügende Anzahl Werte dieser Funktion in einer gegebenen Zeitspanne kennt, und infolgedessen die vollständige Aufzeichnung einer (einarmigen) Kurve erlaubt, wenn man einen ihrer Bogen kennt; die Extrapolation ist eine Verallgemeinerung der Interpolation.

Hat W. Taylor seine Kurven mit der nötigen Exaktheit aufgestellt, so mußte er auf die der Methode eigentümlichen Schwierigkeiten stoßen. Diese mathematischen Methoden sind tatsächlich in ihrer praktischen Handhabung sehr schwierig, und außerdem ist die Annahme nicht ohne weiteres begründet, daß eine derart aufgestellte Kurve, und dazu in verwickelten Fällen, wie die von W. Taylor betrachteten es sind, auch wirklich der Wirklichkeit entspricht.

Die tatsächliche Kurve der Erscheinung müßte sich in regelmäßiger Weise ausdehnen, damit die Möglichkeit bestehe, die mathematisch konstruierte, ideelle Kurve mit ihr zu vergleichen. Man weiß, daß dem in zahlreichen Fällen nicht so ist, und daß z. B. die Arme der im Abstrakten konstruierten Parabel nicht identisch sind mit der von der Planetenbahn tatsächlich beschriebenen Kurve; sie stellen bloß eine Annäherung dar. Schon das Vorhandensein einer Wahrscheinlichkeitsrechnung weist darauf hin, daß die Tatsachen und gewisse Theorien häufig nur annähernd identisch sind.

Wie ist nun W. Taylor vorgegangen? Welches waren die Veränderlichen seiner Kurven? Welche Punkte hat er bestimmt und welches Vertrauen verdient die Anwendung der Interpolationsmethoden in der Konstruktion derart zusammengesetzter Kurven? Für die Erscheinungen physiologischer Natur, die aus einer so großen Anzahl veränderlicher Komponenten zusammengesetzt sind, ist der Wert der diskontinuierlichen Aufschreibung bloß ein relativer; infolgedessen benutzt man so häufig als möglich die kontinuierliche Aufschreibung, welche erlaubt, eine unbeschränkte Anzahl intermediärer Punkte zu erhalten, so daß die von ihnen bedingte Linie genau die beobachtete Erscheinung zum Ausdruck bringt. Die von W. Taylor zu seinen Untersuchungen angewendete Methode erlaubte ihm nicht, zum letzteren Verfahren zu greifen. Wenn wir auf diesen Punkt aufmerksam machen, so ist es, um auf die Notwendigkeit hinzuweisen, die für den amerikanischen Ingenieur bestand, genauen Aufschluß über den Wert seiner Kurven zu geben, die notwendigerweise nach der Methode der diskontinuierlichen Aufschreibung konstruiert sind, und um Nachdruck auf den Wert der kontinuierlichen Aufschreibung in der Untersuchung der physiologischen Erscheinungen bei der beruflichen Arbeit zu legen. In dieser Hinsicht sind die durch die in Frankreich durchgeführten Forschungen ermittelten Dokumente von erstklassigem Werte. Ihr Urheber, Marey, bemerkte, die kontinuierliche Aufschreibung in Anwendung auf die Untersuchung der beruflichen Arbeit erwähnend: „Wie weit weniger lehrreich ist ein arithmetischer Ausdruck, wenn man denselben mit der graphischen Kurve vergleicht, welche alle Veränderungen der Erscheinung zum Ausdruck bringt. Sowohl in der Physiologie wie in der Mechanik wird das zu verfolgende Ziel darin bestehen, den graphischen Ausdruck der Arbeit zu erlangen, um nicht bloß ihren Gesamtwert, sondern auch die Form, unter welcher sie geleistet wird, kennenzulernen"[1]).

Später stellte A. Imbert, diese Methode auf die Arbeit des Feilens anwendend, die Kennzeichen des guten und schlechten

---

[1]) E. J. Marey: Travail de l'homme dans les professions manuelles. Revue de la société scientifique d'hygiène alimentaire. 1904. S. 196.

Die Physiologie der Arbeit und das Problem der Ermüdung. 109

Feilenschlages fest und zog daraus nützliche, auf die Lehre und zweckmäßige Arbeitsart bezügliche Leitsätze[1]).

Die von W. Taylor verfolgte Forschungsrichtung eignete sich also nicht zur Anwendung der Methode der kontinuierlichen Aufschreibung. Legen wir aber auch Nachdruck auf die Tatsache, daß in den Forschungsarbeiten der Physiologen, die sie angewendet haben, Lehren vom allerhöchsten Interesse enthalten sind, um die sich jedoch der amerikanische Ingenieur nicht bekümmert hat. Die Folge davon ist, daß das von ihm ermittelte, auf die berufliche Arbeit bezügliche Gesetz von einer Einfachheit ist, die beinahe an Armut grenzt. Aus dem Text, den wir mit Absicht in extenso zitiert haben, geht hervor, daß es sich folgendermaßen formulieren läßt: **Es besteht ein umgekehrtes Verhältnis zwischen der zu verladenden Last und der Dauer der Belastungszeit.** Das wußte aber schon alle Welt. Die einzige von Taylor gebrachte Neuerung besteht in dem Hinweis darauf, daß, um eine Last von 45 kg zu verladen, der Arbeiter 43% des Tages arbeiten kann. Jedoch besitzen die von ihm in diesem Falle gelieferten Tatsachen nur für die Roheisenverlader Gültigkeit und dies dazu noch unter den genauen Bedingungen der zurückgelegten Wegstrecke: Geschwindigkeit, Wegprofil, sowie für die von seinen Versuchspersonen ausgeführte Arbeit.

Jedesmal, wenn ein Betriebsleiter die zu verladenden Lasten mehr oder weniger weit vom Ausladungsorte stellen, als Strecke eine schiefe Ebene oder nicht wählen wird, werden die Bedingungen des Problems wechseln, und die von W. Taylor unternommenen Untersuchungen werden aufs neue durchgeführt werden müssen.

Außerdem wissen wir nicht, ob das von ihm festgestellte Verhältnis zwischen der Arbeits- und Ruhezeit, eine genügend allgemeine Regelmäßigkeit aufweist, um in jedem Fall, je nach der größeren oder geringeren Dauer des Arbeitstages, Gültigkeit zu

---

[1]) A. Imbert: Les méthodes de laboratoire appliquées à l'étude directe et pratique des questions ouvrières. Revue générale des Sciences. 30. Juni 1911. S. 478—486. Man findet im Bulletin de l'Alliance d'hygiène sociale: Un nouveau champ d'action en hygiène sociale: L'étude expérimentale du Travail professionnel (April-Juni 1912) einen kurzen Überblick über die auf verschiedene Berufsarten bezüglichen experimentellen Untersuchungen von A. Imbert.

besitzen. Kann man es im Falle des Achtstundentages anwenden? Es ist keine einfache Lücke, auf die wir aufmerksam machen, sondern vielmehr ein physiologischer Irrtum, denn es ist für den Organismus nicht gleichgültig, ob eine gegebene Arbeit in acht oder elf Stunden, oder eine Muskelanstrengung von gegebenem Werte in einem mehr oder weniger gesteigerten Rhythmus ausgeführt wird.

Man wird vielleicht einwenden, daß mangels Vorhandenseins exakter Dokumente eine solche Kritik von geringem Werte ist; aber es handelt sich ebenso sehr darum, die von W. Taylor festgestellten Arbeitsbedingungen einer Revision zu unterwerfen, als gegen die vorschnelle und kritiklose Verallgemeinerung seines Systems Stellung zu nehmen.

Jene Arbeit des Roheisenverladers, deren Studium beim ersten Durchlesen des Taylorschen Buches so verführerisch wirkt, ist zu raschem Verschwinden verurteilt, wie übrigens alle vom Menschen ausgeführten ähnlichen Arbeiten. Werden sich nun aber die neuen Formen der menschlichen Tätigkeit zur Aufstellung derart starrer Gesetze eignen? Man ist nicht in der Lage, dies heute zu behaupten; W. Taylor liefert dazu mit seiner Untersuchung der Arbeit der Mechaniker selbst den Beweis.

Für diese letzteren, sowie für alle Berufsarten, auf die das System in Frankreich angewendet wurde, stellt man kein Arbeitsgesetz auf. Man sucht einfach die zur Herstellung eines Werkstückes notwendige Minimalzeit zu ermitteln, und da die Grenzen sich nicht (wie bei den Roheisenverladern) durch das Aufhören jeder Tätigkeit ausdrücken, stellt man auf empirische Weise, mittels der Zeitstudien, die Maximalleistung während des ganzen Arbeitstages fest.

Das Problem der Ermüdung. Entgegen der Behauptung von W. Taylor tritt das Bestreben, die Ermüdung des Arbeiters wissenschaftlich zu bestimmen, in seinem System niemals hervor. Diese Tatsache ist um so überraschender, als er bemerkt, er habe zu Beginn seiner Untersuchungen die ganze wissenschaftliche, auf die Arbeitsfragen bezügliche Literatur durchsuchen lassen, um die von den Physiologen in der Richtung der Anpassung des Arbeiters an seine Berufstätigkeit getätigten Versuche zu kennen. Nun haben die letzteren aufs genaueste auf die Veränderungen des Stoffwechsels unter dem Einflusse der Arbeitsleistung hingewiesen. Erheischt das Studium der Stoffwechselvorgänge eine komplizierte Versuchstechnik, so lassen die von ihr gelieferten Tatsachen die Gefahren der übermäßigen Arbeitsleistung für den Organismus klar hervortreten. Hätte W. Taylor auch nur diese Tatsache bemerkt, würde er seine Untersuchungen anders orientiert und sich dadurch viele heftige Angriffe erspart haben.

Vor einigen Jahren haben wir, gestützt auf die Arbeiten der Vertreter der Wissenschaft, gezeigt, wie ihre Forschungen darin übereinstimmen, daß es unumgänglich nötig ist, in jeder wissenschaftlichen Organisation der Arbeit die Sorge um die Gesundheit des Arbeiters zu berücksichtigen[1]). Hätte W. Taylor die physiologischen Arbeiten, unter anderen diejenigen von A. Chauveau[2]) studiert, so wäre er dazu gebracht worden, durch die genaue Kenntnis der inneren Funktionsweise der „menschlichen Maschine", sich mit der Frage der Energieverausgabe und der notwendigen Wiedererstattung derselben zu beschäftigen. Die Kenntnis der Stoffwechselvorgänge, welche die Wirkungen der Arbeitsleistung zum Ausdruck bringen, würde ihn veranlaßt haben, die durch die Übermüdung bewirkten Defizite ins Auge zu fassen, ob nun

---

[1]) J. M. Lahy: Les modifications des échanges nutritifs chez l'homme sous l'influence de la fatigue musculaire. Revue scientifique. 1905, S. 201—204, 230—238, 267—273.

[2]) Der Gegenstand der vorliegenden Arbeit erlaubt uns nicht, dem gegenwärtigen Stande unserer auf die Muskelarbeit bezüglichen Kenntnisse ausgedehnte Ausführungen zu widmen. Jedoch besitzen die Arbeiten von A. Chauveau eine so große Bedeutung für das Studium dieser Probleme, daß wir uns verpflichtet glauben, eine summarische Bibliographie derselben zu geben. Bis 1891 finden wir sie vom Verfasser, als Anhang zu seinem Werke: Le travail musculaire et l'énergie qu'il représente, Paris 1891 gesammelt; die späteren Arbeiten befinden sich in den „Comptes rendus de l'Académie des sciences". Es sei hier ebenfalls auf die Arbeiten von G. Weiß hingewiesen, der die Ideen von A. Chauveau übernommen, kommentiert, weiterentwickelt und in einer jedermann verständlichen Form ausgedrückt hat. Vgl. u. a. seinen Artikel: Le travail musculaire d'après les recherches de M. Chauveau. Revue générale des sciences. 15. Februar 1903, S. 147—154. Seine Arbeit: Physiologie générale du Travail musculaire et de la chaleur animale. 266 S., Paris 1909, ist die klarste Darstellung der von den Energetikern erzielten Forschungsergebnisse. A. Imbert hat in seinem Buche: Mode de fonctionnement économique de l'organisme, 97 S., Paris 1902, eine zusammenfassende Übersicht der Arbeiten der Physiologen gegeben, in welcher das Bestreben, praktische Aufschlüsse zu erlangen, hervortritt.

diese Übermüdung auf eine übermäßige Arbeitsdauer oder auf zu rasche Rhythmen, die den Bewegungen auferlegt werden, zurückzuführen sei.

Die in Rücksicht auf rationelle Untersuchungen anzuwendende Methode war übrigens mit der von W. Taylor benutzten nicht unverträglich. In der Tat konnte die Untersuchung der respiratorischen Vorgänge in dem einzigen von ihm untersuchten Falle der Muskelarbeit nennenswerte Ergebnisse liefern.

Seine Unkenntnis der normalen Bedingungen der Tätigkeit des menschlichen Organismus, verbunden mit dem Bestreben, die maximale Leistung aus dem Arbeiter zu ziehen, setzt den letzteren unter die ungünstigsten Bedingungen in Rücksicht auf seine Gesundheit. Von allem offensichtlichen Zwang abgesehen, nötigen die Zeitstudien den Arbeiter, sich in dem, was die Arbeit betrifft, selbst zu überbieten. Eine Rückkehr zur Vernunft wird notwendig, um die Betriebsleiter und Arbeiter über die Gefahren des Taylorismus aufzuklären. Einzig und allein die Verwertung psycho-physiologischer Tatsachen in der Organisation der Arbeit wird dieselben beschwören können.

Indem er dem Arbeiter die Möglichkeit nimmt, seinen Organismus einem ihm eigentümlichen Arbeitsrhythmus anzupassen, da er ihm den der maximalen Produktion entsprechenden Rhythmus aufzwingt, übernimmt der Organisator des neuen Systems die Verpflichtung, die günstigsten hygienischen Verhältnisse zu schaffen, und, insofern dieselben einmal bestehen, sie innezuhalten.

Nun erscheinen die von W. Taylor durchgeführten Untersuchungen physiologischer und psychologischer Natur nicht nur zu wenig genau und sicher, daß seine Anwendung das Leben Tausender Arbeiter in Anspruch nehmen darf, sondern man ist befugt, zu glauben, daß sich W. Taylor nicht in einer wirklich wissenschaftlichen Geistesverfassung befand, als er die Elemente seiner Arbeitsgesetze sammelte. Der Wissenschaftler darf kein a priori kennen, sein Denken muß im Höchstmaß objektiv und von jeder persönlichen Leidenschaft frei sein. Wenn W. Taylor mit Recht den Titel eines Wissenschaftlers beanspruchen darf, wenn er in seiner Eigenschaft als Ingenieur und Techniker handelt, so kann ihm dieses Recht bestritten werden, sobald er sich an die Untersuchung von Problemen physiologischer, psychologischer und sozialer Natur macht. Durchblättert man seine Arbeiten, so wird man dem steten Bestreben begegnen, jene Ruhepausen zu beseitigen, durch welche die Arbeiter gewohnt sind, ihre Arbeit zu unterbrechen, um sich zeitweise Erholung und Ruhe zu verschaffen.

W. Taylor erblickt darin eine Tendenz zur Faulheit, ein der maximalen Produktion entgegenstehendes Hindernis, und er setzt all seinen Scharfsinn ein, jede Anwandlung von Entspannung seitens der Arbeiter zu unterdrücken. Sein Standpunkt könnte verteidigt werden, sofern er sich auf eine wirkliche Kenntnis des Rhythmus' der menschlichen Tätigkeit stützte. Es ist eine physiologische und psychologische Notwendigkeit, auf jede Anstrengung eine Ruhepause folgen zu lassen, damit die Aufmerksamkeit eine kurze Zeitspanne ausruhe. Erkennt man diesen Grundsatz an, so drängt sich das Problem der Ermüdung von selbst in den Vordergrund und entscheidet über die Berechtigung jeder neuen Arbeitsorganisation.

Ohne Zweifel stößt W. Taylor wiederholt auf diese Schwierigkeit, macht aber keine Anstrengung, sie zu überwinden. Er behauptet hin und wieder, daß ,,in keinem Falle der Arbeiter zu einem Arbeitstempo angehalten werden soll, welches seiner Gesundheit schädlich werden könnte", und daß der Mann, der ein durch Zeitstudien festgestelltes Pensum bewältigt, in der Lage sein muß, ,,diese Arbeit Jahre hindurch zu leisten, ohne die Übermüdung befürchten zu müssen". Es sind dies jedoch gänzlich wertlose Feststellungen, da ihm die durch die Physiologie des Menschen hervorgerufenen Probleme unbekannt bleiben. Er glaubt, daß sich die Ermüdung von dem Zeitpunkt an einstellt, wo der Arbeiter außerstande ist, weiter zu arbeiten. Die Hilfsmittel des Nervensystems verkennend, welches Elemente des Widerstandes leistet, lange bevor die Spuren einer Abnützung sich in entscheidender Weise offenbaren, spornt er zur Leistung an. Er stellt sich übrigens die Frage mit so wenig Klarheit, daß er sich einer dauernden Verwechslung der Begriffe ,,Arbeit" und ,,Ermüdung" schuldig macht.

,,Eine meiner damaligen Untersuchungen, bemerkt er, ging dahin, eine Regel oder ein Gesetz zu finden, nach welchem der Meister von vornherein beurteilen könnte, eine wie schwere Arbeit irgendwelcher Art man einem, für die in Frage kommende Art geeigneten Arbeiter zumuten könnte, d. h. es wurden Studien über die ermüdende Wirkung schwerer Arbeit auf einen erstklassigen Arbeiter angestellt"[1]). Es handelt sich somit darum, die mögliche Leistung zu bestimmen und nicht die geistige oder körperliche Ermüdung.

Um dieses Maß festzustellen, hat er keine wissenschaftliche Methode benutzt. Die Ansichten des Zeitstudienbeamten, die Befriedigung, seine Arbeiter höher zu entlohnen und ihre Arbeitsdauer etwas zu reduzieren, genügten, um in ihm den Glauben zu erwecken, daß die Ermüdung vermieden sei: „Ich möchte noch besonders betonen", sagt er, „wir wollten durch diese Untersuchungen nicht herausfinden, welches Maximalquantum ein Arbeiter während einer kurzen Zeit zu leisten imstande ist, sondern was eigentlich die angemessene Tagesleistung eines erstklassigen Arbeiters bildet; was man jahraus, jahrein täglich von einem Arbeiter erwarten kann, ohne daß er dabei körperlichen oder seelischen Schaden erleidet"[2]).

Wollte W. Taylor wirklich auf derartige Weise Stellung nehmen, konnte er das Problem nur mit Hilfe eines der beiden folgenden Verfahren lösen: durch die Untersuchung der schädlichen Wirkungen der Arbeit auf den Menschen, was er nicht getan hat, oder durch methodische Beobachtungen über die gesamte Lebensdauer des Arbeiters, was unmöglich war.

W. Taylor behauptet allerdings, die letztere Methode angewendet zu haben. Jedoch müßte er andere Beweise als seine Ergebnisse erbringen. Es ist wenig wahrscheinlich, daß er seine Experimente lange genug durchgeführt hat, um zum Schlusse zu gelangen, daß der menschliche Organismus nicht von einer Ermüdung beeinflußt wird, die sich im Laufe der Jahre mit den Erscheinungen des Alters verschmilzt, um deren Wirkungen zu verstärken und zu beschleunigen.

Die durch eine anhaltende Anstrengung bedingte Ermüdung scheint uns durch folgende Tatsache bewiesen zu sein:

In den nichttaylorisierten Betrieben bestimmt der Meister nach seiner Erfahrung die zur Ausführung einer Arbeit notwendige Zeit. Wird die Arbeit serienweise ausgeführt, reduziert er die angenommene Arbeitsdauer um 10%. Diese Grundlagen

---

[1]) W. Taylor: Grundsätze. S. 56.
[2]) W. Taylor: Grundsätze. S. 58.

Die Physiologie der Arbeit und das Problem der Ermüdung. 115

befriedigen im allgemeinen den Arbeiter. In den Betrieben dagegen, in welchen das Taylorsystem eingeführt ist, hat man den durch Zeitstudien festgestellten Lohn um 20% erhöhen müssen. Es sind dies zwei Verfahren mit entgegengesetzter Kompensation. Die Erfahrung lehrt, daß die europäischen Arbeiter von der letzten Methode weniger befriedigt sind, nicht, weil sie weniger verdienen, sondern weil ihnen die aus der intensiven Leistung sich ergebende Ermüdung übermäßig erscheint.

Es empfiehlt sich somit, die erstere Methode zu wählen, die man als die Methode der „lokalisierten Untersuchungen" bezeichnen kann. Es handelt sich darum, bei einer gegebenen Arbeit die täglich, wöchentlich und monatlich hervortretenden Zeichen der Ermüdung zu untersuchen und einen auf diese Weise untersuchten Organismus mit einem Organismus zu vergleichen, der die Wirkungen der industriellen Arbeit nicht erleidet. Dieses Verfahren ist fruchtbarer, sicherer und schneller. Bei Anwendung desselben auf Handwerker, die Arbeiten ohne Verausgabe von Muskelkraft leisteten, so daß die Anzeichen der Ermüdung schwer festzustellen waren, haben wir einige nützliche Ergebnisse erzielt.

Die Gefahr der Zeitstudien, insofern diese nicht von Untersuchungen begleitet sind, auf deren Bedeutung wir soeben aufmerksam gemacht haben, tritt noch stärker hervor, wenn man ihre Wirkung in nach Taylorschen Grundsätzen organisierten aber von W. Taylor nicht beaufsichtigten Betrieben untersucht.

In den Regnault-Betrieben in Paris werden dem Zeitstudienbeamten durch den Betriebsleiter drei Stunden ununterbrochener Arbeit vorgeschrieben, wonach er dann vom Arbeiter abgelöst wird, der dieses Tempo bis zur Beendigung der Arbeit innehalten muß. Es werden allerdings 30% der Herstellungszeit zugerechnet, um dem Nachlassen der Leistung, welches sich nach drei Stunden fortgesetzter Anstrengung geltend macht, entgegenzutreten. Trotz dieser Maßnahmen bleibt das Problem der Ermüdung ungelöst.

In allem, was seitens des Arbeiters die Produktion einschränkt, sieht W. Taylor einen Beweis der Bummelei. Jede Entspannung, jede Bewegung, die nicht strikte der industriellen Leistung dient, wird von ihm verpönt und als dem Spiel und nicht der Arbeit zugehörig betrachtet. „Der gesunde Menschenverstand verlangt es, den Arbeitstag so einzuteilen", sagt er, „daß während der zur

Arbeit bestimmten Zeit wirklich gearbeitet wird und während der Ruhepausen wirklich geruht wird; d. h. es soll eine scharfe Grenze gezogen werden und nicht beides gewissermaßen gleichzeitig erfolgen"[1]).

Es ist dies aber ein schwerer wissenschaftlicher Irrtum, dem die Arbeiter zum Opfer fallen, und gegen den man lebhaft Protest erheben muß. Er rührt daher, daß W. Taylor die physiologischen Unterschiede zwischen den einzelnen Individuen, sowie den Rhythmus der Wiederherstellung unberücksichtigt läßt. Es liegt in der Natur des menschlichen Organismus, im Laufe der Arbeit die durch letztere bewirkte Ermüdung wieder wettzumachen; dies bis zu einer bestimmten Grenze, die auch diejenige der Anstrengung sein muß. Die Beseitigung dieser Rhythmen der Wiederherstellung bewirkt eine bedeutende Verminderung der Dauer der nützlichen Arbeit. Es liegt da ein ausgedehntes Forschungsfeld für jede Form menschlicher Arbeit vor. Außerdem — und auch dies läßt Taylor unberücksichtigt — stellt jedes Individuum seine Kräfte auf eine ihm eigentümliche Art und Weise wieder her; der eine ruht aus, indem er hin und her läuft, der andere, indem er aufrecht steht, was ein dritter nicht ertragen könnte, da er nur durch ein einen Augenblick dauerndes unbewegliches Sitzenbleiben zum Kräfteersatz gelangt. Da W. Taylor in dieser Beziehung das Beispiel des Criquetspielers anführt, der beim Spiel das Maximum an Anstrengung leistet, während er im Betriebe seine Kräfte möglichst schont, so behalten wir dasselbe bei und erinnern daran, daß im Spiel, sei es nun Criquet, Tennis oder irgend ein anderes Spiel, eine Technik besteht, an die sich die Individuen, jeder auf seine Weise, anpassen, so daß sie, auf verschiedene Art und Weise spielend, dazu gelangen, ebenbürtig zu werden.

Es kann natürlich zutreffen, daß man in der Werkstätte Arbeiter antrifft, die ohne jeden moralischen Wert und träge sind. Sind jedoch die Arbeitsbedingungen gerecht und menschlich, so werden sie selten. Zu behaupten, daß alle Arbeiter unterschiedslos der Trägheit frönen, ist unserer Ansicht nach eine starke Übertreibung und ein nicht weniger starker Irrtum. W. Taylor zieht aus einigen seiner Beobachtungen grundfalsche Schlüsse;

---

[1]) W. Taylor: Grundsätze. S. 92.

als Beispiel diene nur folgende, auf einen tüchtigen Arbeiter bezügliche Tatsache: „Hatte er einen beladenen Schubkarren vor sich her zu schieben, so ging er ziemlich rasch, selbst bergauf, um möglichst schnell die Arbeit zu beendigen. Auf dem Rückweg mit dem leeren Schubkarren verfiel er dann sofort wieder in den langsamen Schritt von höchstens 1 Meile pro Stunde und benutzte jede Gelegenheit zu einem Aufenthalt, so daß man jeden Augenblick meinte, er würde sich niedersetzen. Um ja nicht mehr als sein faulenzender Arbeitsgenosse zu tun, machte er sich tatsächlich müde in seinem Bestreben, langsam zu gehen"[1]). Wenn dieser vortreffliche Arbeiter, wenn er unter Last stand, eine gleichzeitig sehr intensive und schnelle Arbeit geleistet hatte und dabei instinktiv seine Anstrengungen auf die bestmöglichste Art und Weise seinen speziellen Muskeldispositionen anpaßte, stellte er hernach seine Kräfte wieder her, indem er seine Ruhe nach derjenigen seines Nachbars regelte. W. Taylor behauptet, ohne den geringsten Beweis, daß diese Ruhezeit zu lange dauerte, denn er hat die in Frage stehende Erscheinung bei diesem Individuum nicht untersucht. Ein langsamer Arbeiter kann seine Berufstätigkeit länger ausüben, länger arbeiten, länger leben. Dies sind alles Elemente, die als Veränderliche in die Bestimmung der Arbeitskurven hätten aufgenommen werden müssen. Tatsächlich stellen seine Arbeitskurven bloß Leistungskurven dar.

Ein anderer durch die von W. Taylor befolgte Methode bedingter Irrtum besteht in der Annahme, daß einzig und allein die große Muskelanstrengungen erheischenden Arbeiten ermüden. Er bringt seine Ansicht folgendermaßen zum Ausdruck: „Das Gesetz beschränkt sich auf die Klasse von Arbeit, bei der die Erschöpfung die Grenze für die Leistungsfähigkeit eines Mannes bildet, d. h. bei der ein Mann zu arbeiten aufhören muß, weil er erschöpft ist"[2]). Der Text, der diesem Passus folgt, weist darauf hin, daß es in den anderen Fällen nicht die Ermüdung ist, welche die Tätigkeit des Arbeiters begrenzt. Und doch wird seine Ansicht von den von ihm selbst gesammelten Tatsachen widerlegt.

---

[1]) W. Taylor: Grundsätze. S. 19. Wir lassen hier die Fälle „systematischer Bummelei", die vorkommen, jedoch zu hier nicht zu betrachtenden wirtschaftlichen und sozialen Problemen gehören, beiseite.

[2]) W. Taylor: Grundsätze. S. 60.

Bei der Untersuchung der Arbeit der Kugelprüferinnen, welche keinerlei Muskelanstrengungen erheischt, besitzt das experimentell ermittelte Gesetz keine Gültigkeit mehr. Die Kontrolle erfolgt auf sehr einfache Weise: man scheidet die schlechten Arbeiterinnen aus und spornt die guten durch Ermutigungen, Ratschläge, will heißen, durch eine tatsächliche und anhaltende Beaufsichtigung an. Mit der Reduktion der Arbeitszeit bezweckt man keineswegs die Bekämpfung der Übermüdung, sondern es ist dies der Zeitpunkt, wo sich die Leistung der Arbeiterinnen vermindert. Hier wiederum ist es lediglich die Leistung, welche die Dauer der Arbeit begrenzt.

W. Taylor will nicht anerkennen, daß für die Kugelprüferinnen Ermüdung bestehen kann, was sein ganzes System ad absurdum führen würde. Jedoch ist er genötigt, zu konstatieren, daß die Frauen, die sich nicht mehr durch Unterhaltung und das, was er in verschlimmerndem Sinne „Bummelei" nennt, zerstreuen können, Zeichen der Nervosität aufweisen. Zu aufrichtig, um diese Tatsache glattweg abzuleugnen, gewährte ihnen W. Taylor alle 1½ Stunden eine Ruhepause von 10 Minuten. Die Männer, die von Natur aus energischer und diszplinierter sind als die Frauen, und welchen durch die Furcht vor Entlassung ein gewisser Zwang auferlegt ist, erfreuten sich nicht derselben Vorzüge, weil bei ihnen die nervösen Zeichen nicht zutage getreten waren. Dies in Beschäftigungen, die zum mindesten ebenso ermüdend waren als diejenige der Frauen.

Will das bedeuten, ihr Fall sei weniger schwer gewesen, und daß einzig und allein die offensichtlichen Reaktionen auf eine wirkliche Ermüdung oder Übermüdung schließen lassen? Unglücklicherweise zeigt der in bezug auf die Berufe, die einzig und allein Muskelanstrengungen erfordern, so weitschweifige W. Taylor bei den Arbeiten, wo die geistigen Fähigkeiten ihre Wirkung entfalten, eine große Zurückhaltung. Jedoch verdient gerade diese Form der Ermüdung, deren erkennbare Zeichen so schwierig zu fassen sind, in Rücksicht auf ihre schweren Folgen für den menschlichen Organismus eine ganz besondere Aufmerksamkeit. Ein Beispiel wird den Beweis dafür liefern.

Um die Nützlichkeit der von den Zeitstudien auferlegten Bewegungsauslese und Bewegungsgeschwindigkeit darzutun, vergleicht man sie mit Vorliebe mit der Tätigkeit des Fechters.

Das Beispiel ist vortrefflich gewählt; aber warum werden daraus nicht alle Konsequenzen vom Standpunkte der Dauer der Anstrengung, der Muskel- und Nervenermüdung gezogen? Die Dauer eines Anlaufs beträgt kaum einige Minuten. Häufige und ausgedehnte Ruhepausen sichern dem Organismus die prompte Wiederherstellung der normalen Tätigkeit. Und vergleicht man die Dauer des von Ruhepausen unterbrochenen Arbeitstages des Fechtmeisters mit derjenigen des den Zeitstudien unterworfenen Arbeiters, ist man bestürzt ob der vom letzteren verwirklichten Gesamtanstrengung.

Ein Industrieller, der das Taylorsystem eingeführt hat, war bestürzt, als wir ihm von der Möglichkeit der Ermüdung der Arbeiter sprachen. ,,Glauben sie ernstlich, daß sich die Arbeiter bei der Ausführung einer solchen Bewegung ermüden können..." und er bewegte bei diesen Worten die Schublade seines Schreibtisches.

Wir glauben wohl, daß einige Bewegungen dieser Art nicht ermüden, wenn sich aber dieselben täglich während 11 Stunden und sechs Tage pro Woche wiederholen, so muß daraus eine recht starke Ermüdung resultieren. Sie wird zweifellos noch stärker sein, wenn ein maximales Arbeitstempo auferlegt wird; sie wird endlich in einen gefährlichen Übermüdungszustand übergehen, wenn man außer diesem Arbeitstempo und dieser Arbeitsdauer dem Arbeiter noch Aufmerksamkeits-, Beaufsichtigungs- und Urteilsleistungen auferlegt. Statt das Schließen der Schublade durch die Konstruktion des Tisches selbst zu bestimmen, könnte man sich denken, daß die Länge jeder Bewegung, sowohl der Einzugs- als der Auszugsbewegung, durch ein einfaches, auf der Schublade befindliches Zeichen bestimmt wird. In diesem Falle sind es der Wille, die Aufmerksamkeit, kurz alle psychischen Funktionen des Arbeiters, die in anhaltender Weise in Bewegung gesetzt werden. Die Ermüdung wird sodann übermäßig.

Dieses Beispiel illustriert ziemlich genau die anhaltende Anstrengung, welche die Zeitstudien in einer Betriebsorganisation, wie sie in der erwähnten französischen Fabrik besteht, auferlegen. Man geht dabei in folgender Weise vor: bevor dem Arbeiter eine Arbeit anvertraut wird, vollführt der Zeitstudienbeamte, in der Regel ein geschickter und in seiner Tätigkeit erfahrener Mann, eine ganze Reihe von Versuchen. Während der beiden ersten Versuche sucht er das beste Werkzeug — das er übrigens sehr häufig dem Arbeiter nicht überlassen wird — die beste zu wählende Stellung, den schnellsten Rhythmus zu ermitteln. In der dritten Versuchsreihe mißt er die zur Herstellung eines Stücks strikte notwendige Zeit und leitet davon den dem Arbeiter zu bezahlenden Lohn ab. Sodann arbeitet er drei Stunden in dem festgesetzten Tempo. Der Arbeiter, der ihn ablöst, muß dasselbe Tempo elf Stunden innehalten. Nichts ist erschreckender als diese anhaltende Anstrengung, wenn man bedenkt, daß die durch den Zeitstudienbeamten der Maschine auferlegte maximale Geschwindigkeit eingehalten werden muß; denn im anderen Falle wäre nicht nur die Herstellungszeit länger, sondern ein Hilfsbeamter bleibt zur Aufsicht an Ort und Stelle, um sich zu vergewissern, daß die Montage und die Geschwindigkeit den Anforderungen entsprechen. Der Arbeiter muß demnach **seine menschliche Maschine dem Tempo der mechanischen Maschine anpassen**; so hat man denn auch Arbeiter gesehen, die, außerstande, in der gewährten Zeit alle notwendigen Bewegungen mit ihren Händen auszuführen, sich des Kopfes als eines dritten Armes bedienten.

Fügen wir noch hinzu, daß zwischen den einzelnen Arbeitsoperationen die Einschaltung von Ruhepausen unmöglich ist, denn Beginn und Ende einer jeden derselben werden durch das registrierende Uhrwerk bestimmt, welche auf der Arbeitskarte des Arbeiters alles minutengenau aufzeichnet. Ist dieses Uhrwerk von der Maschine entfernt, muß der Arbeiter, um die Zeit abzulesen, einen Eilschritt tun, damit das Zurücklegen der Wegstrecke die Herstellungszeit nicht verlängere.

Erscheint eine derartige intensive und anhaltende Tätigkeit nicht gefährlicher als diejenige der Kugelprüferinnen? Nun wird aber durch das System der Ermüdung in der Ermittlung der Arbeitsgesetze keine Aufmerksamkeit geschenkt.

Ist das Problem vom psychologischen Standpunkt aus einer praktischen Lösung zugänglich?

Die Dringlichkeit einer Antwort auf diese Frage veranlaßt uns, hier die Ergebnisse unserer Untersuchungen bekanntzugeben. Unserer Ansicht nach besteht gegenwärtig die Möglichkeit, durch den Ausbau der Methoden, die wir zur Darstellung bringen werden, in wirksamer Weise die Wirkungen der beruflichen Ermüdung zu kontrollieren und durch diese unablässige Kontrolle die allerorts angebahnte Anwendung des Taylorsystems zu regeln.

Achtes Kapitel.

Die wissenschaftliche Feststellung der Ermüdung bei Arbeitsleistungen, die keine Muskelanstrengungen erfordern.

In ähnlicher Weise wie eine große Anzahl anderer Betriebsleiter, die in ihren Betrieben technische Verbesserungen und strenge Regeln der Hygiene eingeführt haben, hat W. Taylor wiederholt den Arbeitern gegenüber Gefühle des Wohlwollens zum Ausdruck gebracht. Er weist den Vorwurf der Überanstrengung derselben mit Entschiedenheit ab. Es sind dies jedoch Anwandlungen von Edelmut, die ihren Ausdruck nicht in positiven Untersuchungen finden, die auf einwandfreie Art und Weise das Wesen der Ermüdung klarlegen und Mittel und Wege aufzeigen, wie dieselbe vermieden werden kann.

W. Taylor hat die Arbeitsdauer eingeschränkt, sobald er den leistungsvermindernden Einfluß der Ermüdung zu beobachten glaubte; jedoch bekümmerte er sich niemals darum, zu wissen, welches der Wert dieser äußeren Zeichen der Ermüdung war, und ob diese nicht bereits einen fortgeschrittenen Zustand des Zerfalls des Organismus darstellten. Die unmittelbare und rein empirische Beobachtung war außerstande, ihm über das frühzeitige Hervortreten der Ermüdung und die starke Einwirkung derselben auf das Nervensystem Aufschluß zu geben. Die Erforschung derart feiner und subtiler Erscheinungen erheischte eine wissenschaftliche Methode, die den durchzuführenden Untersuchungen besser angepaßt und zudem der steten Vervollkommnung und Verfeinerung zugänglich war.

In den Enqueten, die wir verschiedentlich durchgeführt haben, versuchten wir mit der größtmöglichsten Genauigkeit bei zahlreichen dieselbe Arbeit leistenden Arbeitern die objektiven Zeichen der Einwirkung der Arbeit auf den Organismus festzustellen, um dadurch die Möglichkeit zu erlangen, den Zeitpunkt zu bestimmen, wo der Organismus des Arbeiters, infolge eines chronischen Übermüdungszustandes sowie der Unmöglichkeit der Wiederherstellung der nervösen Kräfte, gefährdet ist.

Welches sind nun diese Zeichen? Das erste ist zweifellos das Gefühl der Müdigkeit, welches der Arbeiter empfindet und zum

Ausdruck bringt. Aber abgesehen davon, daß sich der Arbeiter über seinen eigenen Zustand täuschen kann[1]), liegt die Gefahr nahe, daß er sich dessen gegen seinen Arbeitgeber als eines unkontrollierbaren Argumentes bedient, das infolgedessen nicht auf objektiven Wert Anspruch erheben kann. Dieses Zeichen muß demnach als unzulänglich ausgeschaltet werden. Erscheint es anderseits als geboten, den Zeitpunkt abzuwarten, wo die Verminderung der Arbeitsleistung die Unmöglichkeit der Weiterführung der Arbeit dartut? Zweifelsohne besitzt diese Methode keinen größeren wissenschaftlichen Wert als die vorhergehende. Allerdings kann der Arbeiter das Tempo seiner Arbeit nach Belieben einschränken; und wenn anderseits der Arbeitgeber einzig und allein über den Zeitpunkt zu bestimmen hat, an welchem die Anstrengung ein Ende finden soll, weil andernfalls seine eigenen Interessen verletzt würden, so besteht nicht die geringste Sicherheit, daß durch dieses Mittel die drohende Übermüdung des Arbeiters ausgeschaltet würde, weil in diesem Falle mit Bestimmtheit der Gesichtspunkt der dringenden Arbeit obsiegen würde. Es ist deshalb nicht unnütz, an Hand von experimentellen Untersuchungen zu zeigen, daß frühzeitig eine Verminderung der Leistung eintritt, sobald die ersten objektiven Zeichen der Ermüdung — wie wir sie weiter unten feststellen werden — in Erscheinung treten.

Es wäre nun nicht nur unmenschlich, sondern auch gefährlich zugleich für die Produktivität der Industrie, das Eintreten der Symptome des physischen Zerfalls abzuwarten, um für die Arbeiter den Zeitpunkt zu bestimmen, an welchem ihre Anstrengung ein Ende finden soll. Es ist dies jedoch die Methode, zu der W. Taylor sich bekennt. Wenn er durch das Mittel hoher Löhne und seines Zeitstudienverfahrens von den Arbeitern tägliche Leistungen erzielt, die lediglich ihre augenfällige Ermüdung begrenzt, übersieht er die langsame Wirkung der Ermüdung, die

---

[1]) Fassen wir die extremen Fälle ins Auge, so beobachten wir, daß bei den Neurasthenikern das Gefühl der Müdigkeit bei Fehlen jeder Anstrengung zuweilen so stark in Erscheinung tritt, daß die Kranken sich nicht einmal selbst zu ernähren vermögen. Anderseits können Kranke in kataleptischem Zustande stundenlang in außerordentlich ermüdenden Stellungen verharren, deren Anstrengung von gesunden Individuen nur wenige Minuten ertragen werden könnte.

Die wissenschaftl. Feststellung d. Ermüdung bei Arbeitsleistungen. 123

die Kräfte der Arbeiter untergräbt, und deren erkennbare Folgen erst nach längerer Zeit in Erscheinung treten. Da nun Taylor die Arbeiter fortwährend einem peinlichen Ausleseverfahren unterzieht, besteht für ihn die Möglichkeit, diejenigen Arbeiter aus dem Betriebe auszuscheiden, die nach einigen Jahren intensivster Leistung die unauslöschlichen Symptome des physischen Zerfalls aufweisen.

Als wir bei Anlaß von Untersuchungen über die Schriftsetzer und Maschinensetzer uns die Frage nach dem Vorhandensein von objektiven Zeichen der Ermüdung stellten, war die Frage noch neu; kein Physiologe hatte bis dahin die Feststellung und Lokalisierung dieser Zeichen versucht. Wir waren infolgedessen gezwungen, sehr ausgedehnte Untersuchungen durchzuführen und die Zahl der Vorversuche zu vermannigfaltigen, um alsdann die Wahl der zweckmäßigsten Methode zu treffen. Wir stellten uns zuerst die Frage, ob in den modernen Berufsarten, die in der Regel beträchtliche Aufmerksamkeitsleistungen und zuweilen, wie die der Maschinensetzer und Maschinenschreiber, Gedächtnisleistungen, eine ausgeprägte Sehschärfe und nicht umfangreiche, doch gut angepaßte Bewegungen, deren Wert von der Empfindlichkeit des Muskelsinnes abhängt, erfordern, diese Funktionen nicht durch den Einfluß einer langandauernden Arbeit gestört werden.

Trotz der Anwendung der peinlichsten Sorgfalt in der Durchführung und Analyse der Untersuchungen, waren wir nicht in der Lage, in bezug auf diesen Punkt positive Ergebnisse zu erzielen. Man wird sich darob nur verwundern können, wenn man vergißt, über welche unvorgesehenen und ungeahnten Möglichkeiten der Mensch verfügt, um unter dem Drucke einer unumgänglichen Notwendigkeit eine über die Norm hinausgehende Menge psychischer Arbeit zu leisten. Es ist übrigens eine allen physiologischen Erscheinungen gemeinsame Eigentümlichkeit, daß sie eine äußerst ausgeprägte Beweglichkeit, Möglichkeiten der Vertretung und der Wiederherstellung besitzen, die um so mächtiger in Erscheinung treten, als die in Betracht kommenden Funktionen höherer Natur sind, und einzig und allein durch die Gesamttätigkeit des Organismus begrenzt werden.

Obwohl diese äußerst wichtigen Probleme noch recht wenig untersucht worden sind, ist allgemein bekannt, daß die Tätigkeit des Organismus unter dem psychischen Einflusse in weitgehender Weise modifiziert wird. Das bekannte Beispiel des Läufers von Marathon, welches durch zahlreiche andere bestätigt wurde, zeigt deutlich, bis zu welchem Grade der Einfluß des Willens, die moralische Begeisterung die Muskelkraft zu vervielfältigen imstande sind und dieselbe trotz des Vorhandenseins eines übermäßigen Erschöpfungszustandes aktiv zu erhalten vermögen, bis zu dem Zeitpunkte der unvermeidlichen organischen Zersetzung. Sind die körperlichen Merkmale der Ermüdung im Zeitpunkte ihres Hervortretens schwierig zu erfassen, besitzt der menschliche Organismus zahlreiche Möglichkeiten der sofortigen Wiederherstellung, welche während längerer Zeit die schädlichen Wirkungen der Arbeit zu verdecken vermögen, mit desto größeren Schwierigkeiten wird die Feststellung der Übermüdung bei Individuen begleitet sein, welche vorwiegend psychische Leistungen vollbringen, bei welchen mithin die nervöse Anstrengung die Hauptrolle spielt. Abgesehen von den mäßigen Muskelanstrengungen, welche der Arbeiter mit seinen Fingern ausführt, der eine Maschine führt oder auf ein Tastbrett drückt, und der Muskelspannung, die durch die dem Körper aufgezwungene Haltung bewirkt wird, läßt sich die Ermüdung in der weitaus größten Zahl der modernen Berufsarten auf Anstrengungen ganz anderer Art zurückführen. Ihr Sitz befindet sich nicht mehr in den Muskeln, sondern im Nervensystem. Der Mechaniker, der eine Werkzeugmaschine führt, muß sogenannte höhere Funktionen in Anwendung bringen: Raschheit der Auffassung, Gedächtnis, Urteil usw. und der wichtigste Faktor in seiner Arbeitsleistung ist zweifellos die Aufmerksamkeit.

Beim gegenwärtigen Stande der experimentellen Versuchstechnik sind wir nicht in der Lage gewesen, Störungen der Aufmerksamkeit festzustellen. Allerdings litten unsere Arbeiter, streng genommen, nicht an Übermüdung. Selbst in dem Falle, wo dieselben nach der Taylorschen Methode gearbeitet hätten, wären diese Zeichen unserer Ansicht nach nicht in Erscheinung getreten. Wir hatten Gelegenheit, während unserer Untersuchungen über die Maschinenschreiber eine Kontrollversuchsperson zu beobachten, die, obwohl sie uns bloß bei den Forschungen behilflich war, am Ende des Tages eine derartige Ermüdung empfunden hatte, die beinahe zu einem Ohnmachtsanfalle führte.

Während nun eine Reihe anderer Zeichen auf das Vorhandensein schwerer Störungen schließen ließen, vermochte die in Rede stehende Versuchsperson durch einen starken Willensantrieb den Anforderungen Genüge zu leisten, da ihre „höheren" psychischen Funktionen, Gedächtnis, Abstraktion usw. intakt geblieben waren.

Es ist dies unserer Ansicht nach ein wertvolles und anschauliches Schulbeispiel für diejenigen, welche glauben, daß das Taylorsystem alle wünschenswerten Garantien in bezug auf die Ermittlung der Ermüdung bietet.

Man kann daraus folgern, daß die objektiven Zeichen der psychischen Ermüdung in weniger hohen Funktionen gesucht werden müssen, deren Natur keine so plastische ist, und wo die „massiven" Wirkungen der Abnützung klarer in Erscheinung treten.

Die niedrigen Funktionen des Nervensystems, die einfachen Reaktionszeiten einerseits, die Erhöhung des Blutdrucks andererseits, stellen die zuverlässigsten Zeichen eingetretener Ermüdung dar. Es sind dies zwei Funktionen, die man als automatische bezeichnen kann, welche genauen Aufschluß über die äußeren Zeichen der Ermüdung geben, und die außerdem leicht meßbar sind.

Die hier erwähnten Zeichen sind die einzigen, für deren Wert wir heute einstehen können. Es ist aber zu vermuten, daß weitere Forschungen noch andere ermitteln werden. Vielleicht ist das in bezug auf die höheren Funktionen erzielte negative Resultat auf die Unzulänglichkeit der Experimentaltechnik zurückzuführen.

Für die Messung der Reaktionszeiten benutzten wir das Chronoskop von d'Arsonval, dessen Handhabung wir bereits erklärt haben (S. 56): man ruft einen beliebigen Reiz hervor, z. B. einen Schallreiz und fordert die Versuchsperson auf, so schnell als möglich auf diesen Reiz zu reagieren. Man kann sodann in Hundertstelsekunden die Zeit zwischen dem Auftreten des Reizes und der erfolgten Handlung messen. Diese Zeit schwankt naturgemäß von einem Versuch zum anderen, aber innerhalb solcher Grenzen, die es erlauben, an Hand von Durchschnittszahlen das Charakteristikum einer jeden Versuchsperson festzustellen und auf diese Weise die Zeit zu messen, die jede benötigt, um die Tonempfindung in eine Handlung umzuwandeln. Tatsächlich schwankt die Durchschnittszeit der Reaktion derselben Versuchsperson unter verschiedenen Einflüssen und insbesondere, wie aus unseren Unter-

126 Die wissenschaftl. Feststellung d. Ermüdung bei Arbeitsleistungen.

suchungen hervorgeht, nach einer Arbeit von der Art derjenigen der Maschinensetzer und Maschinenschreiber. **Im Zustande der Ermüdung sinkt die Schnelligkeit der Reaktionszeit rasch.** Dies bedeutet, unter sonst gleichen Bedingungen, daß ein Maschinensetzer nach einer 6½ Stunden dauernden Anstrengung weit weniger gut arbeitet als zu Beginn der Arbeit.

In der Enquete, welche wir im „Bulletin de l'Inspection du Travail" (1910, S. 45—103) veröffentlicht haben, findet man die Zahlen, welche wir täglich während einer Dauer von drei Wochen bei zehn Versuchspersonen ermittelt haben. Es wird genügen, hier die durchschnittliche Verlängerung der Reaktionszeit einer jeden Versuchsperson — in Hundertstelsekunden — anzugeben.

Erste Serie:
Prüfling: Gaston . . . Verlängerung um 2,20 (Maschinensetzer)
   Georg . . . .   „   „ 1,50 „
   Sylvain . .   „   „ 1,30 (Bureauarbeit)
   A . . . . . .   „   „ 0,42 (Versuchsleiter)
   B . . . . . .   „   „ 0,13 „

Zweite Serie:
Prüfling: Moritz . . . Verlängerung um 4,82 (Maschinensetzer)
   Hektor . . .   „   „ 2,65 „
   Christoph .   „   „ 2,40 „
   Franz . . . .   „   „ 1,66 (Handsetzer)
   A . . . . . . Verkürzung „ 3,20 (Versuchsleiter)

Die Arbeiter der ersten Serie arbeiteten unter durchwegs günstigeren hygienischen Verhältnissen als diejenigen der zweiten; sie hatten außerdem weniger Arbeit zu leisten. Es sind dies zwei Faktoren, welche geeignet sind, den Unterschied in dem Werte der Ermüdungszeichen zu erklären; jedoch muß hervorgehoben werden, daß die in Frage kommenden Zeichen immer in Erscheinung treten[1]).

Die Schwächung der automatischen Nervenzentren ist charakteristisch für die durch die moderne industrielle Arbeit verursachte Ermüdung. Aus unseren Versuchen geht mit Deutlichkeit hervor, daß die Arbeit des Handsetzers, des Bureauange-

---

[1]) In neuerer Zeit haben Ch. Richet und H. Laugier dieselbe Methode auf die Untersuchung der Arbeit eines Maschinenschreibers angewendet. (C. R. Soc. Biol. S. 816—819, Paris, 19. April 1913.) Sie haben unsere Ergebnisse vollauf bestätigt.

Die wissenschaftl. Feststellung d. Ermüdung bei Arbeitsleistungen. 127

stellten und des Versuchsleiters, die sich auf dieselbe Dauer erstreckte, weit weniger die Dauer der Reaktionszeit verlängert, mithin die Tätigkeit der Nervenzentren in viel schwächerem Maße stört. Ja, es trat sogar der Fall ein, daß der Versuchsleiter A, der in der zweiten Serie der Experimentalreihen seine Arbeitsmethode wesentlich vereinfacht, seine Apparatur vervollkommt und eine zweckmäßigere Verteilung seiner Arbeitszeit vorgenommen hatte, in keiner Weise ermüdet war, obschon er eine beträchtliche Menge Arbeit geleistet hatte. In ähnlicher Weise ist bei Experimentator B eine Verkürzung der Reaktionszeit festzustellen, während alle anderen Versuchspersonen eine Abnahme der Schnelligkeit derselben, mithin eine mehr oder minder starke Ermüdung der Nervenzentren aufweisen.

Sind nun aber die Aussagen der Arbeiter über das von ihnen empfundene Müdigkeitsgefühl immer wertlos? Obgleich wir grundsätzlich nur die durch objektive Methoden erzielten Ergebnisse gelten lassen, fanden wir es dennoch nützlich, die letzteren mit den subjektiven Äußerungen der Arbeiter zu vergleichen.

Wir haben in der folgenden Tabelle die Aussagen der Versuchspersonen über ihr Müdigkeitsgefühl, die physiologischen Veränderungen und die (später zu erwähnende) Erhöhung des Blutdrucks, sowie endlich die pro Stunde geleistete Arbeitsmenge zusammengestellt:

Ermüdungsgefühl	Physiologische Veränderungen		Durchschnittliche Stundenproduktion
	Blutdruck cm/Hg	Reaktionszeit Hundertstelsekunden	
	Georg		
Dienstag, müde	+ 1,25	+ 1,60	7840 Buchstaben
Mittwoch, nicht müde . . .	+ 0,75	+ 0,6	Korrekturen
Donnerstag, sehr müde . .	+ 2,00	+ 3,0	8765 Buchstaben
Freitag, nicht müde	+ 0,75	+ 0,45	6892 ,,
Samstag, müde	+ 1,50	+ 1,45	Korrekturen
	Gaston		
Dienstag, müde	+ 2,75	+ 2,2	7543 Buchstaben
Mittwoch, nicht müde . . .	+ 0,25	+ 1,2	7058 ,,
Donnerstag, sehr müde. . .	+ 3,75	+ 4,5	7866 ,,
Freitag, nicht müde	+ 0,75	+ 0,8	7159 ,,
Samstag, nicht müde . . .	+ 1,50	+ 2,6	6175 ,,

Diese Beispiele liefern den Beweis, daß eine für die industrielle Arbeit charakteristische nervöse Ermüdung besteht. Zudem lassen unsere Untersuchungen die bedeutende Rolle erkennen, welche die Psycho-Physiologie in der Untersuchung der beruflichen Arbeit zu spielen berufen ist, wie auch gleichzeitig die Unzulänglichkeit des Taylorsystems. Die Folgen der den Arbeitern auferlegten intensiven Leistung sind leicht vorauszusehen: Für den Betriebsleiter wird dies der ewige Konflikt mit dem Arbeiter sein, der eine nicht vorhandene Ermüdung vortäuscht, der baldige Verlust der guten Elemente, die Notwendigkeit einer stets erneuerten Einstellung von Arbeitern mit allen damit verbundenen Risiken. Für den Arbeiter wird es die Gefahr der Übermüdung bedeuten, die langsame Erschöpfung seines Organismus, das vorzeitige Nachlassen der Kräfte, bei einigen sogar der Ausbruch latent gebliebener Krankheiten: Syphilis oder Tuberkulose, welche ohne das Hinzutreten der nervösen Übermüdung sich vielleicht nie geltend gemacht hätten.

Ohne Zweifel würde die von uns erprobte, außerordentlich einfache Versuchstechnik es Taylor erlaubt haben, die Arbeit der Kugelprüferinnen zu regeln, wenn er ernstlich bemüht gewesen wäre, die maximale Leistung dem Gesichtspunkte der Gesundheit seiner Arbeiterinnen unterzuordnen. Aber er faßt bloß das Interesse der Industrie ins Auge[1]). Er geht folgendermaßen vor:

Jede Arbeiterin wird von ihrer Nachbarn getrennt, um jedwelche Unterhaltung zu verunmöglichen; wenn ihr Eifer erlahmt, wird sie von dem Aufseher, der sich an ihrer Seite befindet, angeleitet, aufgemuntert, d. h. dieser reizt ihr Nervensystem an, spornt durch das Mittel des äußeren Druckes ihre Aufmerksamkeit an; in einem Wort, er zwingt sie zu einer größeren Leistung, als sie unter normalen Bedingungen leisten könnte. Und damit auf die Länge die nervösen Kräfte nicht aufhören sich von dem Willen anspornen zu lassen, stellt man Stunde um Stunde, während der Zeit der Anlernung, die Leistung fest.

Es läßt sich allerdings leicht sagen, daß die Ausführung einer jeden höheren Tätigkeit eine anhaltende und zuweilen schmerzliche Anstrengung erheischt. Jedoch muß man dabei zwischen der

---

[1]) W. Taylor hat sich der Technik der Reaktionszeiten bedient, nicht um die Ermüdung festzustellen, sondern zum Zwecke der Auslese der Arbeiterinnen.

freiwilligen und zielbewußten Anspannung aller Fähigkeiten und der durch einen Vorgesetzten ausgeübten Aufsicht unterscheiden. Wir haben wiederholt eine äußerst geschickte Rechnerin zu untersuchen Gelegenheit gehabt, welche, unter anderen Wundertaten, 15 Zahlen in 40 Sekunden und 50 Zahlen in 3 Minuten 25 Sekunden behalten konnte. Eine derartige Fähigkeit ist, wie sie uns selbst erklärt hat, das Resultat einer Dressur; aber so schwer diese auch war, unterzog sich die Versuchsperson derselben freiwillig; sie fand sogar Vergnügen, ja zuweilen eine intensive Freude daran, ihre Gedächtniskunst bis zu einem solchen Grade zu steigern. Sie ermüdete nur wenig[1]).

Im Gegensatz dazu sind die Arbeiterinnen gehalten, das Maximum zu leisten, und ihre Tätigkeit wird durch äußeren Zwang auf gleicher Höhe gehalten. In gleicher Weise, wie man mittels der Peitsche ein verschlagenes Pferd anspornt, erhält man durch das Mittel der Furcht vor Entlassung und der daraus sich ergebenden Notlage die erstaunliche Leistung, die W. Taylor wie folgt zusammenfaßt: 25 Arbeiterinnen leisten nunmehr die Arbeit von 120 mit $^2/_3$ weniger Fehler.

Kann man die Annahme gelten lassen, daß einzig und allein die Ausschaltung der Bummelei und eine bessere Verteilung der Arbeitsstunden ein solches Ergebnis herbeigeführt haben? Niemand ist berechtigt, sich darüber zu äußern, solange keine experimentellen Untersuchungen über die Ermüdung in dem Betriebe von W. Taylor durchgeführt worden sind.

Dieselben Zweifel bestehen in bezug auf die durch die Roheisenverlader geleistete Arbeit. Obschon Taylor wiederholt behauptet, daß dieselben keiner Ermüdung ausgesetzt sind, stehen wir doch vor einer beunruhigenden Tatsache: derselbe Arbeiter, der früher täglich 12,5 Tonnen Eisen Last trug, verladet heute, dank der Anwendung des Zeitstudienverfahrens, 47 Tonnen.

Allerdings kann die Tatsache nicht von der Hand gewiesen werden, daß das System von W. Taylor gegenüber den überlieferten Arbeitsmethoden einen Fortschritt bedeutet, da er die Zahl der überflüssigen Bewegungen für eine gegebene Arbeit einschränkt. Aber, um daraus auf das Nichtvorhandensein jedwelcher Ermüdung als Folge einer derartigen Erhöhung der Lei-

---

[1]) J. M. Lahy: Etude expérimentale d'un cas exceptionnel de la mémoire des chiffres. Archives de Psychologie. Juli 1913.

stung der Arbeiter zu schließen, müßte man annehmen, daß die überflüssigen Bewegungen früher — bei voller Belastung — $^3/_4$ der nützlichen auszuführenden Bewegungen darstellen. Dieses Verhältnis kann a priori als übermäßig bezeichnet werden.

Die Störungen, die sich als Folge der Übermüdung des Nervensystems geltend machen können, sind außerordentlich zahlreich. Sie variieren mit dem Grade dieser Übermüdung und vor allem mit dem Grade der Widerstandsfähigkeit der verschiedenen Teile des Organismus. Es folgt daraus, daß ein Individuum, welches von der Syphilis geheilt war und seine Laufbahn ohne ernste Zwischenfälle hätte beendigen können, von der allgemeinen progressiven Paralyse, von der Tabes und anderen ähnlichen Krankheiten heimgesucht wird, die ihre Ätiologie in der Tatsache der beruflichen Übermüdung finden. Diese Behauptung ist natürlich lediglich eine Hypothese, da wir die Übergangsstufen der Pathogenese nicht kennen. Aus diesem Grunde erachteten wir es als nützlich, parallel mit den vorhin skizzierten Untersuchungen den Einfluß der Arbeit auf eine ebenfalls automatische Funktion, welche im Organismus eine Hauptrolle spielt, zu ermitteln: den Blutdruck.

Die Apparate, welche die Messung des Blutdrucks erlauben, sind sehr zahlreich. Der Oszillometer von Pachon erfreut sich gegenwärtig der allgemeinen Gunst, aber es bestehen andere Apparate, die, obschon sie Zahlen liefern, die auf weniger genaue Weise den tatsächlichen Druck in den Arterien angeben, dennoch die Konstruktion von Kurven erlauben, die unter sich vergleichbar sind.

Da unsere Untersuchungen vorgenommen wurden, lange bevor Pachon seinen Apparat konstruiert hatte, bedienten wir uns des Tonometers von Gärtner, bei welchem ein einfacher Kautschukring, der an einem Finger angebracht ist, auf einem Quecksilbermanometer den Blutdruck im Organ abzulesen erlaubt. Diese Technik wies einige Vorteile auf: der Versuch dauert weniger lang und läßt die Versuchsperson gleichgültiger als beim Oszillometer, der die Benutzung einer um das Handgelenk angebrachten Schlinge erheischt.

Wir haben die Gewißheit erlangt, daß sich der Blutdruck mit der anhaltenden Aufmerksamkeitsleistung erhöht.

Die wissenschaftl. Feststellung d. Ermüdung bei Arbeitsleistungen. 131

Indem wir in ähnlicher Weise vorgingen wie bei den Reaktionszeiten, bestimmten wir den individuellen Durchschnitt dieser Erhöhung — in cm/Hg ausgedrückt — für die Dauer der Versuche.

Erste Serie:
Prüfling: Georg . . . . Erhöhung um 2,25 cm/Hg (Maschinensetzer)
         Gaston . . .   ,,   ,, 1,80 ,,   ,,
         Sylvain . . .   ,,   ,, 1,25 ,, (Bureauarbeit)
         A . . . .   ,,   ,, 1,15 ,, (Versuchsleiter)
         B . . . .   ,,   ,, 1,35 ,,   ,,

Zweite Serie:
Prüfling: Hektor . . . Erhöhung um 3,00 cm/Hg (Maschinensetzer)
         Moritz . . . .   ,,   ,, 2,40 ,,   ,,
         Christoph . .   ,,   ,, 1,70 ,,   ,,
         Franz . . . .   ,,   ,, 0,70 ,, (Handsetzer)
         A . . . .   ,,   ,, 0,55 ,, (Versuchsleiter)

Es besteht nicht der geringste Zweifel darüber, daß der Blutdruck das wertvollste und sicherste Zeichen des physiologischen Gleichgewichtszustandes ist. Er ist bedingt durch die Propulsionskraft des Herzens und den Widerstand, den die Blutgefäße dem Blutstrom entgegenstellen. Es ist ferner festgestellt worden, daß das Herz um so stärker schlägt, je weniger Mühe es hat, sich zu entleeren. Es folgt daraus, daß, sobald man eine Verminderung des Blutdruckes registriert, eine Erhöhung der Zahl der Pulsschläge beobachtet werden kann. Diese Anpassung der Herzbewegungen an die mechanischen Bedingungen der Herztätigkeit erfolgt unter dem Einflusse des Nervensystems.

Andererseits ist festgestellt worden, daß der Widerstand, den die Blutgefäße dem Blutstrom entgegenstellen, nicht ausschließlich passiver Natur ist. Er verändert sich mit dem Zusammenziehungsvermögen der Arterien und auf diese Weise regelt sich, gemeinsam mit dem Druck, die Blutzufuhr in den Organen. Die Veränderungen in der Blutzufuhr erfolgen insbesondere durch die Verkleinerung oder Vergrößerung der Weite der kleinen Blutgefäße, und die Bedeutung dieser Erscheinung ist eine um so größere, als auf schwache Veränderungen der Weite der Gefäße beträchtliche Veränderungen des Blutumsatzes erfolgen. Die in Rede stehenden Volumenänderungen erfolgen automatisch durch Reflexbewegungen der vasomotorischen Nerven. Obschon diese Erscheinungen äußerst komplizierter Natur sind, ist es erwiesen, daß das verlängerte Mark ein Regulationszentrum des Blutdruckes ist. Ja, es fällt in dieser Hinsicht ebenfalls der Gehirnrinde eine bestimmte Rolle zu, die allerdings gegenwärtig noch wenig aufgeklärt ist. Wo sich übrigens auch die in unseren Experimenten zutage getretenen Störungen lokalisieren, alles weist darauf hin, daß das Nervensystem durch die aus einer Aufmerksamkeitsleistung herstammende Ermüdung Störungen erlitten hat. Tatsächlich war der Blutdruck nach einer verhältnismäßig kurzdauernden Anstrengung gestört.

So bestätigen diese Experimente in jeder Beziehung die Versuche mit den Reaktionszeiten. Die von der Arbeit an der Maschine bewirkte dauernde Anspannung der Aufmerksamkeit verursacht eine weit stärkere Störung des Blutkreislaufes als eine Aufmerksamkeitsleistung, die nicht durch die Führung einer Maschine bewirkt wird. Der Handsetzer, der Bureauangestellte und selbst der Versuchsleiter leiden weit weniger unter der Ermüdung des Nervensystems als die Maschinensetzer und, wie aus anderen Versuchen hervorgeht, die Maschinenschreiber.

Diese Zeichen entsprechen nicht nur einer offensichtlichen Ermüdung der für das vegetative Leben wichtigen Organe und des Nervensystems, sondern — wie aus der angeführten Tabelle hervorgeht — auch dem Umfange der beruflichen Leistungsfähigkeit. Wie bekannt, arbeiteten unsere Versuchspersonen in Betrieben, in welchen die Arbeit nicht nach der Taylorschen Methode intensiviert worden war. Auch in diesem Falle wären die Ergebnisse dieselben geblieben. Es besteht kein Zweifel darüber, daß, unter dem Einflusse der von W. Taylor auferlegten Arbeitsmethode der Arbeiter während einer gewissen Zeit eine Mehrleistung hervorzubringen imstande ist. Wie bereits dargetan, besitzt das Nervensystem Leistungsmöglichkeiten, welche die Wirkungen der Ermüdung auf die Leistungsfähigkeit verdecken können; aber es besteht kein Zweifel darüber, daß auch im Falle wir ernstere Zeichen der Ermüdung entdeckt hätten, der Arbeiter in der Lage gewesen wäre, eine Mehrarbeit zu leisten. In bezug auf diesen Punkt erscheint der Taylorismus als höchst gefährlich für den Arbeiter sowie für die Leistungsfähigkeit einer gegebenen Gruppe von Arbeitern.

Wir behaupten natürlich nicht, mit unseren Untersuchungen alle Möglichkeiten der wissenschaftlichen Versuchstechnik er-

Die wissenschaftl. Feststellung d. Ermüdung bei Arbeitsleistungen. 133

schöpft zu haben, die der Bestimmung der objektiven Zeichen der Ermüdung in denjenigen Berufsarten dienen, die keine oder nur geringe Muskelanstrengungen erheischen. Es ist vorauszusehen, daß u. a. auch positive Ergebnisse durch die Untersuchung der Respirationsprozesse erzielt werden können. Wir haben zu diesem Zwecke einen sehr einfachen Apparat konstruiert, welcher sehr genaue Messungen ermöglicht (beschrieben in: Journal de Physiologie et de Pathologie générale, 1912, t. 14, S. 1131), aber die übereinstimmenden Ergebnisse der Reaktionszeitmessung und der Bestimmung des Blutdruckes erlauben es bereits, in weitgehendem Maße, das Problem der Ermüdung in der wissenschaftlichen Betriebsführung einer befriedigenden Lösung näher zu bringen.

Diese Zeichen der Ermüdung scheinen deshalb schon einen großen Wert zu besitzen, weil sie die Möglichkeit geben, das Vorhandensein der Ermüdung zu erkennen, bevor die Versuchsperson das Gefühl der Müdigkeit empfindet. Gleichzeitig erlauben sie, bei besonders empfindlichen Personen den Zeitpunkt zu bestimmen, wo man die geäußerten Klagen über Ermüdung in Berücksichtigung ziehen kann. Es sind somit wirklich objektive Zeichen, wie wir sie zu entdecken gewünscht hatten.

Außerdem stellen der Blutdruck und die Reaktionszeit gleichzeitig sehr empfindliche und automatische Funktionen dar; es sind somit wirklich organische Zeichen, welche sie uns offenbaren. Eine Tatsache beweist dies recht klar. Wir machten den Versuch, in unseren Experimenten die Wahlreaktion zu verwenden, wo die Versuchsperson zwischen verschiedenartigen Reizen eine Wahl treffen muß. Diese Versuche ergaben aber nichts Positives, was auf die Tatsache zurückzuführen ist, daß hier höhere psychische Funktionen in Betracht kommen.

Wir haben es als nützlich erachtet, die Aufmerksamkeit auf diese Methode der Ermüdungsmessung zu lenken, weil sie infolge ihrer großen Einfachheit und der äußerst geringen, mit ihrer Handhabung verbundenen Kosten, nicht bloß den Physiologen sondern auch den industriellen Betrieben vortreffliche Dienste zu leisten imstande ist. Sie wird es den Betriebsleitern ermöglichen, sich leicht über die vom menschlichen Organismus empfundene Ermüdung Gewißheit zu verschaffen.

Neuntes Kapitel.
Der Wert des Taylorsystems und das Problem der wissenschaftlichen Organisation der menschlichen Arbeit.

1. Gesamtübersicht und Kritik des Systems.

Niemand wird ernstlich dem Werke von W. Taylor die völlige Ehrlichkeit absprechen können. Um den Arbeitgebern und Arbeitern die Möglichkeit zu verschaffen, mehr Reichtum und Wohlstand zu erlangen, legt er den einen wie den anderen neue Pflichten auf. So macht er es den Betriebsleitern zur Pflicht, sich fortgesetzt mit der Verbesserung der technischen Hilfsmittel zu befassen, sowie den stündigen Lauf der Produktion zu verfolgen, und fesselt sie auf diese Weise unentrinnbar an ihr Werk. Der Arbeiter muß sich den völligen Verlust seiner Initiative gefallen lassen, die vollständig der Betriebsleitung übertragen wird. Er macht selbst aus dem gelernten Mechaniker einen Handlanger und zwingt denselben zu einer Aufmerksamkeitsleistung, bei welcher jede Sekunde seiner Zeit dem Leistungszweck untergeordnet werden muß.

Man kann daraus folgern — von der Frage der Ausdehnung der Auslese auf die Betriebsleiter und der wissenschaftlichen Feststellung des Lohnes vorläufig abgesehen —, daß die Methode von W. Taylor nach einigen Richtungen hin einen Fortschritt verkörpert. Sie stellt da eine bestimmte Ordnung her, wo früher eine gewisse Willkür herrschen konnte. Da ein Ziel gegeben ist — die industrielle Überproduktion —, bewirkt sie die möglichste Annäherung der persönlichen und unpersönlichen Betriebsfaktoren an dieses Ziel.

Dies geschieht in erster Linie durch eine fortgesetzte Verbesserung der technischen Hilfsmittel und der Werkzeuge. Die Entdeckung des Schnelldrehstahles, welche eine so tiefgreifende Umgestaltung der Metallbearbeitung bewirkt hat, liefert dafür einen anschaulichen Beweis. Desgleichen die Konstruktion von Rechenschiebern für die Führung von Werkzeugmaschinen.

W. Taylor hat den Betrieb noch dadurch vervollkommnet, indem er, enger als es früher der Fall war, die verschiedenen

Abteilungen desselben zusammenschloß. Zu diesem Zwecke verbesserte er nicht bloß die Bedingungen ihrer besonderen Arbeitsweise, sondern er unterhielt zwischen ihnen ein derartiges Zusammenwirken und Zusammenarbeiten, daß er zu einer Vereinheitlichung der Gesamttätigkeit des Betriebes gelangte.

Alle diese Verbesserungen sind vortrefflich und kennzeichnen einen bedeutenden Fortschritt im Einklang mit der allgemeinen Entwicklung, welche dahin zielt, an Stelle des früheren Empirismus eine rationelle Ordnung zu setzen. Die Bestrebungen von W. Taylor, insofern sie sich auf die Tätigkeit des Chefingenieurs und Betriebsleiters beschränken, können außerordentlich zweckmäßig sein, denn niemand als er war besser geeignet, um hier bahnbrechend zu wirken.

Seine Sorge, die industrielle Produktion zu erhöhen, hat ihn jedoch veranlaßt, die Grenzen seiner Spezialkenntnisse zu überschreiten und die Lösung psycho-physiologischer Probleme anzubahnen, für die die Mitwirkung geeigneter Fachleute notwendig gewesen wäre. Rief Taylor zuweilen die Dienste von Mathematikern herbei, und war ihm deren Mitwirkung von großem Nutzen, wandte er sich einmal sogar an einen Psychologen, um die Erklärung von Erschöpfungssymptomen bei den Kugelprüferinnen zu erhalten, so hat er nichtsdestoweniger die Biologen, Nationalökonomen und Soziologen von seinen Untersuchungen ferngehalten. Und doch ist es unumgänglich notwendig, sich die Mitwirkung dieser Fachleute zu sichern, jedesmal wenn ein Problem die menschliche Betätigung in Mitleidenschaft zieht oder die wirtschaftlichen Lebensbedingungen der Gruppen beeinflußt.

Aber, könnte man einwenden, sind diese Neuerungen vom Gesichtspunkte der Lohnarbeit denn so wichtig, daß sie die von uns vorgeschlagenen Vorsichtsmaßregeln notwendig machen?

Die von uns weiter oben gemachte Äußerung, die Ersetzung der Gesamtzeiten durch die Elementarzeiten betreffend, antwortet bejahend auf diese Frage. Das Studium der Elementarzeiten ist nichts weiter als eine Erweiterung der Ermittlung der Gesamtarbeitszeit; aber die Wirkungen ihrer Annahme sind, vom Standpunkte der Qualität der Produktion und der Übermüdung des Arbeiters, solcher Art, daß dem Psycho-Physiologen die gebieterische Aufgabe zufällt, in der aus ihrer Anwendung sich ergebenden Debatte seine Ansicht zu äußern.

Diese Meinungsäußerung ist um so wichtiger, als das durch das Studium der Elementarzeiten den Arbeitern auferlegte Übermaß an Arbeit in keiner Weise auf wirklich wissenschaftlichen Theorien beruht. Wir haben zeigen können, daß die Auffassung des „Gesetzes" bei W. Taylor eine Art wissenschaftlichen Fetischismus ohne positiven Wert ausdrückt.

Außerdem ist die von Taylor verwendete Methode zur Auffindung derart eindeutiger Gesetze selbst gewichtigen Einschränkungen unterworfen. Untersuchungen, bei welchen man die graphische Methode mit kontinuierlicher Registrierung in Anwendung gebracht hätte, würden von größerer Exaktheit und höherem Werte gewesen sein als die von unkontinuierlichen Kurven ermittelten mathematischen Deduktionen.

Die Abwesenheit von Untersuchungen betreffend die Ruhepausen offenbart ebenfalls die Gefahr einer vorzeitigen Anwendung der Taylorschen Gesetze, denn da der Arbeiter der einzige Beurteiler der von ihm empfundenen Ermüdung ist, kann dieser nicht bloß den Beobachter irreführen, sondern auch sich selbst.

Außerdem stellt die Verallgemeinerung der Teilwirkungen der Ermüdung auf die nach längerer Zeit sich geltend machenden Wirkungen einen Irrtum dar, gegen den sich die Physiologie erhebt.

Die Anwendung der Gesetze, welche die Arbeit der körperlich und geistig gut geeigneten Arbeiter beherrschen, auf die Durchschnittsarbeiter erfolgt im Taylorsystem rein empirisch; die der mittleren und guten Arbeiter ist für Taylor vom Stande des lokalen Arbeitsmarktes abhängig. Fernerhin handelt es sich in seinem System nicht darum, auf experimentellem Wege den mittleren Wert des Arbeiters zu bestimmen, weil man danach trachtet, die größte Anstrengung aufzuerlegen, insofern das möglich ist.

Vom Standpunkte der Ermüdung aus betrachtet, erscheint die Ermittlung der Gesamtarbeitszeit, ohne daß diejenigen, welche sie anwenden, es vorausgesehen hätten, ein wissenschaftlicheres Verfahren als die Ermittlung der Elementarzeiten, weil die erstere psychologische Faktoren berücksichtigt, welche die letztere vernachlässigt.

Es muß zugegeben werden, daß bei der Ermittlung der Gesamtarbeitszeit allerdings ein Schwanken besteht. Da das Kriterium der Arbeitsdauer die Zeit ist, die ein Arbeiter benötigt, um eine gegebene Arbeit zu verrichten, sind die Bewegungen nicht peinlich auf ihre Mindestdauer reduziert. Wenn demnach die Geschwindigkeit der Bewegungen keine so große ist wie die vom Taylorsystem aufgezwungene, so erlaubt sie doch der Aufmerksamkeit sich durch jene charakteristischen Schwankungen, welche von den Psychologen so schön beleuchtet worden sind, auszuruhen.

Letztere Methode dient ausschließlich der Selbstkostenberechnung; sie bezweckt in keiner Weise die direkte Verbesserung der Technik.

Dagegen sucht man im Taylorsystem auf möglichst genaue Weise die nützlichen Bewegungen kennenzulernen, um die anderen, überflüssigen, Bewegungen auszuschalten und die Mindestdauer der nützlichen Bewegungen zu bestimmen, aber es ist keineswegs sicher, daß dadurch die Technik selbst verbessert wird. Nichts liefert den Beweis, daß bis zum heutigen Tage eine bessere Arbeit aus denjenigen Betrieben hervorgegangen wäre, die es anwenden. Im Gegenteil sind alle psychologischen und moralischen Faktoren, auf die wir früher aufmerksam gemacht haben, ausgeschaltet. Ja, man geht sogar so weit, die Intelligenz des Arbeiters gänzlich von der beruflichen Arbeit auszuschalten. Wir haben die merkwürdige Tatsache erwähnt, daß in einer Automobilfabrik von Paris der Zeitstudienbeamte kein gelernter Arbeiter ist, sondern in der Regel ein ehemaliger Schüler einer Fachschule, welcher nie in der Werkstatt an der Drehbank oder am Amboß gearbeitet hat.

Es folgt aus dieser Kritik, daß W. Taylor im Menschen nur den Leistungswert erblickt. Wenn er einmal, bei Anlaß der Untersuchung der Arbeit der Kugelprüferinnen, Maßnahmen zur Verhinderung der offensichtlichen Übermüdung ergreift, tut er dies lediglich deshalb, weil dadurch die Produktion Schaden erleidet. Es ist letzten Endes die Leistung der Arbeiter, welche die Dauer und Intensität der Arbeit regelt.

Eine Tatsache beweist klar, daß das Taylorsystem nicht auf alle Arbeitsarten anwendbar ist, nämlich der Umstand, daß die Berücksichtigung der persönlichen Faktoren, so wie wir sie empfehlen, fehlt. Während Taylor mit Recht die Verbesserung der Betriebstechnik befürwortet, wodurch die Leistung vermehrt werden soll, kümmert er sich nicht um diejenigen Verbesserungen, welche den Zweck verfolgen, die menschliche Anstrengung zu vermindern. Er setzt den Leistungsmöglichkeiten der Menschen keine Grenzen. Er unterschätzt die Bedeutung der Aufsichtstätigkeit, der Aufmerksamkeitsleistung, der raschen und sicheren Anpassung, in welchen psychische Funktionen ins Spiel gesetzt werden.

Es darf nie vergessen werden, daß die Aufmerksamkeit des Menschen gewisse Grenzen hat. Dieser Umstand müßte beispielsweise bei der Wahl gewisser Maschinen in Berücksichtigung gezogen werden. Dies ist auch die Ansicht von Pomey, Chefingenieur der Post- und Telegraphenverwaltung in Paris, der mit einer Mission in die Vereinigten Staaten beauftragt wurde. Das Studium der Betriebsart der elektrischen Lokomotiven in Amerika brachte ihn zu der Ansicht, daß gewisse Maschinen ohne Rücksichtnahme auf den menschlichen Faktor erbaut worden sind. Insbesondere die eine, von außerordentlicher Kompliziertheit, benutzt zugleich den Stark- und Schwachstrom, ein Phasen-Gleichgewicht, rotierende Umformer, Ventilatoren usw., ganz abgesehen von den Bremsvorrichtungen und der Wiedergewinnung der Bremskraft beim Abwärtsfahren. So ist der Mechaniker genötigt, zugleich bis zu sechs Zifferblätter, drei Kurbeln und eine ganze Reihe von Pedalen usw. zu bedienen. Die Kombination von sechs Gegenständen, selbst wenn sie in mechanischer Hinsicht Vorteile bietet, hat eine übermäßige Ermüdung der Aufmerksamkeit zur unabwendbaren Folge. Ferner kann man annehmen, daß das gleichzeitige Ablesen von sechs Zifferblättern die Bildung von reflexmäßigen Bewegungen nicht erleichtert. Es ist klar, daß, vom Standpunkte der Sicherheit und Kräfteökonomie in der Führung, das andere System, wo der Führungs- und Bewegungsapparat eine einfache Kurbel darstellen — wie z. B. der Hebel unserer Straßenbahnen mit konstantem Strom von 600 Volt —, bei weitem vorzuziehen ist.

Bei der Anwendung des Taylorsystems vergißt man eben zu häufig, weil Taylor selbst diesen Umstand unberücksichtigt gelassen hat, daß, anstatt dem Arbeiter zahlreiche komplizierte Bewegungen aufzuerlegen, es zweckmäßiger wäre, dieselben der Maschine zu übertragen. Dies suchte seinerzeit schon Watt herbeizuführen, als er sein System mit Hähnen und Bindfaden erfand.

Gesamtübersicht und Kritik des Systems. 139

Der wirkliche Organisator ist demnach derjenige, der damit beginnt, eine Arbeitergruppe zu organisieren und zuletzt eine Maschine erfindet.

Dies ist ein fundamentaler Grundsatz des Fortschrittes in der Industrie, der nicht in genügender Weise aus den Lehren Taylors hervorgeht und welcher, vom berufstechnischen Standpunkt, ihren Wert wesentlich einschränkt.

Das aufmerksame Studium der Taylorschen Lohnbemessungsmethode hat uns über den wissenschaftlichen Wert des Systems ebenso bestürzende Ergebnisse geliefert wie die kritische Betrachtung der Zeitstudien.

Ohne für die eine oder andere der modernen Lohnbemessungsmethoden irgendwie Partei ergreifen zu wollen, haben wir den Nachweis erbracht, daß das Halseysystem und vor allem das Rowansystem auf rationelleren Grundlagen beruhen als das von Taylor vorgeschlagene System. Das Rowansystem beispielsweise mit seiner degressiven Prämie stellt eine Funktion dar, bei welcher der Wert des Veränderlichen wissenschaftlich festgestellt werden kann, während andererseits beim Taylorsystem die Höhe der Prämie willkürlich festgestellt wird. Die ihr zugewiesene Grenze beruht auf Grundsätzen, die, vom Standpunkte der Arbeiterschaft aus betrachtet, verletzend sind. Wenn es zutreffend ist, daß, wie er behauptet, gewisse Leute sich nicht allzu rasch bereichern sollen, so müßten die besitzenden Klassen denselben Einschränkungen unterstellt werden, was als Folge die Abschaffung des Erbrechts nach sich ziehen würde. Hat W. Taylor daran gedacht?

Alle Prämienlohnsysteme stellen Lockmittel zur Überproduktion dar. Der Grundsatz soll hier nicht in Diskussion gezogen werden, aber, wenn der degressive Charakter der Rowanprämie der allzulange dauernden Anstrengung des Arbeiters Grenzen setzt, zieht die von W. Taylor empirisch ermittelte Prämie die Grenzen der menschlichen Anstrengung nicht in Betracht. Fügen wir hinzu, daß die Festsetzung gewisser Grenzen in der Anstrengung der Arbeiter nicht in Widerspruch zu den Interessen der allgemeinen Produktion eines Betriebes steht.

Diese Bemerkungen erlauben uns bereits, anzudeuten, was nach unserer Ansicht das Charakteristikum des Taylorsystems ist. In der Taylorschen Arbeitsorganisation wirkt alles dahin, aus einem gegebenen Betrieb die höchstmöglichste Menge von fertigen Produkten zu ziehen. Von der Direktionsabteilung bis zu den unscheinbarsten Bewegungen des Handlangers — alles ist dem Zwecke der maximalen Produktion unterstellt. W. Taylor erspart den Betriebsleitern selbst weder Arbeit, noch Kosten, noch unausgesetzte Anstrengung. Jedoch sind die zweckmäßige Verteilung der Arbeit unter alle und sein guter Glaube nicht hinreichend, die zahlreichen Irrtümer seiner Methode zu entschuldigen. In der Tat stützt er seinen Glauben auf einen psychologischen und soziologischen Irrtum. Er behauptet, daß das von ihm erdachte System ein Kampfmittel gegen die Arbeiterverbände sein muß, indem er nur deren Übertreibungen und Irrungen erblickt, die übrigens derselben Natur sind wie die seinigen. Für ihn müssen die Hierarchie der Funktionen, die volle Ausnutzung der Zeit von jedermann, ja selbst die Disposition des Betriebes zu einer offensichtlichen Überproduktion beitragen. Es muß zugegeben werden, daß die Betriebsleiter und Ingenieure zur Zeit diese Umgestaltungen wenig zu befürchten haben, aber die von denselben betroffenen Arbeiter und Handlanger werden die ersten sein, die sich dagegen auflehnen. Auf diese letzteren werden notwendigerweise sofort die Folgen des Zusammenwirkens des Räderwerkes der Betriebsorganisation sich geltend machen.

Die übereinstimmenden Wirkungen eines jeden Elementes des Systems zur Herbeiführung der Überproduktion ist das hervorragendste Charakteristikum des Werkes von W. Taylor. Dies geht sehr deutlich aus seiner Kontroverse gegen das Halseysystem hervor. ,,Das Wesen meines Systems", bemerkt er in derselben, ,,liegt in der Tatsache, daß der Einfluß auf die Arbeitsgeschwindigkeit vollkommen in die Hände der Leitung gelegt ist, während auf der anderen Seite die Kontrolle über die Arbeitsgeschwindigkeit beim Towne-Halseysystem vollständig den Arbeitern überlassen ist, ohne irgendwelche Einwirkung der Leitung"[1]).

Wir glauben nun das von W. Taylor der Arbeiterschaft gegenüber verfolgte Ziel in genügend klarer Weise erkannt zu haben. Hier liegt das ganze Problem, denn es besteht nur geringe Hoffnung, daß das System, welches bedeutende Ausgaben und Um-

---

[1]) F. W. Taylor: Die Betriebsleitung. S. 144.

gestaltungen nach sich zieht, in seinem vollen Umfange in Europa angewendet werde. Alles läßt vermuten, daß man daraus lediglich die Bestrebungen in der Richtung der Ausbeutung der Arbeiterschaft ziehen wird.

W. Taylor, sagten wir, hat in abstracto einen Musterarbeiter geschaffen, der mit Musterwerkzeugen in einem Musterbetriebe arbeitet. Jedoch entspricht dieser „Musterarbeiter" in keiner Weise der Vorstellung, die wir uns von dem modernen Arbeiter machen: intelligent, strebsam, voller Initiative, Schöpfer im Rahmen seiner Befugnisse. Der Arbeiter im Taylorschen Sinne ist dagegen nichts anderes als der ungelernte Arbeiter.

Tatsächlich führt das System in letzter Instanz zu einer Entwertung des gelernten Arbeiters. Diese Feststellung leitet sich nicht bloß aus den bereits untersuchten Tatsachen ab, sondern ergibt sich aus den Worten von Taylor selbst, der hier als vollblütiger Industrieller spricht: „Es hieße die Vorteile des Systems schlecht ausnutzen, wenn nicht beinahe an allen Arbeitsmaschinen geringer bezahlte Arbeitsleute anstatt der geschulten Facharbeiter angestellt würden. Die völlige Trennung der geistigen und vorschreibenden Arbeit von der ausführenden Arbeit in der Werkstätte und die Übernahme derselben in das Arbeitsbureau, die genauen und unzweideutigen Anweisungen über alle Einzelheiten der Arbeit und die eingehende Anleitung der Leute durch die Ausführungsmeister ermöglichen dieses selbst bei der vielgestaltigen Arbeit der Maschinenfabriken. An den Schruppbänken der „Bethlehem-Stahlwerke" waren 95% Arbeitsleute unter dem Prämienlohnsystem angestellt und selbst an den Fertigbänken waren etwa ein Viertel angelernte Handlanger. Dabei waren die Leute durchweg mit der Bearbeitung sehr teurer und schwerer Schmiedestücke beschäftigt. Sie waren natürlich besser als die gewöhnlichen Handlanger bezahlt, jedoch nicht so hoch wie die gelernten Facharbeiter. Die Art ihrer Arbeit war durchaus verschiedenartiger Natur"[1]).

Entsprechen diese Mitteilungen dem technischen Fortschritt und drücken sie den Sinn der industriellen Entwicklung aus? Möglich ist, daß die industrielle Produktion dabei auf ihre Kosten kommt, jedoch nicht das menschliche Interesse. Um einen dauer-

---

[1]) F. W. Taylor: Die Betriebsleitung. S. 51.

haften Zustand der Dinge zu schaffen, muß man diese beiden Tendenzen aussöhnen, mithin die von Taylor vernachlässigten Probleme berücksichtigen.

Was bleibt nun nach unserer eingehenden Analyse des amerikanischen Betriebssystems übrig? Mit anderen Worten: wie lautet die objektive Definition des Taylorsystems? Wir wollen versuchen, dies in den folgenden Zeilen festzustellen. Die Vergleichung der subjektiven Erklärungen Taylors, die wir zu Beginn unserer Studie angeführt haben, mit den Ergebnissen unserer kritischen Analyse, wird es erlauben, ein endgültiges Urteil über den wirklichen Wert des Taylorschen Werkes zu fällen.

2. Objektive Definition des Taylorsystems.

Wenn man — wie wir es soeben getan haben — jedes einzelne Element des Taylorsystems untersucht, so ist man von deren Zusammenwirken zu einem einzigen Ziele, der maximalen Leistung, direkt betroffen.

Obschon sich unsere Untersuchung auf einen einzigen Gegenstand beschränkte: die menschliche Arbeit, konnten wir nicht umhin, darauf hinzuweisen, daß die von Taylor durchgeführten Verbesserungen in der Betriebsführung sich bis zu den technischen Hilfsmitteln und der Hilfsarbeit erstreckten. Ihr Hauptmerkmal besteht darin, alles in der Richtung der intensivierten Produktion zu lenken. Es wäre infolgedessen ungerecht, Taylor den Vorwurf zu machen, er hätte die vorgefaßte Idee gehabt, die Arbeiter zu übermüden. Das Ergebnis ist allerdings dasselbe, denn er hat — man entschuldige den Ausdruck —, den Menschen nur als Ingenieur und nicht als Physiologe, Psychologe und Soziologe „gedacht". Keinen Augenblick ist er auf den Gedanken gekommen, daß soziale Gruppen außerhalb der Fabrik bestehen, deren Betätigung dem Menschen ebenso wichtig erscheint wie der Broterwerb.

Die Tragweite des Werkes von W. Taylor, obschon dieser die Grenzen desselben unendlich weit stecken wollte, beschränkt sich demnach auf Zwecke der ausschließlichen industriellen Leistung.

Unter „Leistung" versteht das Taylorsystem nur die Menge der fehlerlos gelieferten Stücke; aber ein anderer Faktor macht

Objektive Definition des Taylorsystems. 143

sich in denjenigen Berufskategorien geltend die, ohne Kunstgewerbe zu sein, nichtsdestoweniger einen gewissen „Kunstgriff" erheischen. Der Wert des Taylorsystems muß demnach auf die mechanischen Industriearbeiten beschränkt werden.

Ein Irrtum in der Methode hat Taylor auf das Studium der menschlichen Arbeit dieselben Verfahren anwenden lassen, die er für die Untersuchung der mechanischen Arbeit mit Erfolg angewendet hatte. Unter gleichen Bedingungen läuft eine Maschine ohne Halt, insofern ihr die nötigen Brennstoffe geliefert werden. Die Leistung einer Maschine kann daher dazu herangezogen werden, ihren Unterhaltszustand sowie die von ihr umgewandelte Energiemenge zu messen.

Taylor dachte nun, daß in gleicher Weise, wenn man einem Menschen eine zureichende Ernährung gibt, ihn in ein geeignetes Milieu stellt, seine Leistung — ähnlich wie diejenige der Maschine — den Maßstab seines Unterhaltszustandes ergeben kann.

Dies war ein Irrtum, denn die „menschliche Maschine" befindet sich in einem fortwährenden Zerstörungs- und Wiederherstellungsprozeß. In keinem Momente ist sie sich selbst identisch. Sie besitzt eine interne Funktionsweise, deren Gesetze sehr verwickelter Natur sind, da dabei physiologische Veränderlichen sich enge mit psychologischen Veränderlichen verweben. Ihre Leistung bildet keinen Maßstab für ihre Abnützung. Sie kann noch Arbeit leisten, sogar eine große Menge Arbeit leisten, indem sie sich derart abnutzt, daß sie zuweilen nicht mehr wiederherstellbar ist. Dieser Fall tritt hauptsächlich bei Arbeitsleistungen ein, die keine Muskelanstrengungen, sondern vielmehr eine übermäßige Anspannung der Aufmerksamkeit erheischen.

Es gibt somit spezifische Arbeitsbedingungen, welche nicht durch die Leistung gemessen werden können. Das Moment der Ermüdung macht die ständige Untersuchung der menschlichen Arbeit zur Notwendigkeit.

Die nachfolgende Beobachtung liefert den Beweis, daß die maximale Leistung der Arbeiter tatsächlich den Schlüssel des Systems bildet. Kein einziger Schüler Taylors hat das Ermüdungsstudium oder noch einfacher, die zweckmäßige Untersuchung der menschlichen Arbeitsmaschine seinem System zugrunde gelegt. Vielmehr sehen wir den tätigsten seiner Schüler einer Arbeit über Bewegungsstudien den vielsagenden Untertitel geben: „eine Methode zur Erhöhung der Leistung des Arbeiters"[1]).

Noch typischer ist die Tatsache, daß Gilbreth vor kurzem eine Arbeit veröffentlichte, Primer of scientific management[2]), in welcher er alle Antworten auf die von Nachahmern Taylors an den Direktor des „American Magazine" bei Anlaß der Veröffentlichung der Grundsätze wissenschaftlicher Betriebsführung im Jahre 1911 sammelte. Nirgends macht sich das Bestreben geltend, das Maß der menschlichen Anstrengung in den verschiedenen Berufsarten zu bestimmen. Diese Verkennung der physiologischen und psychologischen Bedingungen der menschlichen Arbeit muß bei der Definition des Systems berücksichtigt werden.

Dagegen muß hervorgehoben werden, daß der menschliche Motor, der Arbeiter, in einer sehr geschickten Organisation eingeschlossen wird: Zeitstudien, Auslese, Löhne, innere Betriebsorganisation, welche ihn durch alle möglichen Mittel — darunter sein eigener Wille — anspornt, zu produzieren, ohne auf die subjektiven Zeichen der Ermüdung zu achten.

Die Versicherungen Taylors in bezug auf die Beachtung der Gesundheit der Arbeiter sollen nicht unerwähnt bleiben, aber mit der Bemerkung, daß sie ohne wirklichen Wert sind.

In der Tat, während das System dem Betriebsleiter die Mittel in die Hand gibt, den Arbeiter zur maximalen Produktion zu veranlassen, gibt es keine Methode der Ermüdungsuntersuchung an. Es folgt daraus, daß der Werkstättenchef, der seine Arbeiter zu einer Leistung veranlaßt, die lediglich durch die gesetzliche Arbeitszeit begrenzt wird, mit dem Gesetz und mit Taylor im reinen ist.

Endlich wird bei der Verteilung der Arbeitsdauer und der Anstrengung die Betätigung des Menschen im Kreise der Familie sowie des sozialen Lebens nicht in Betracht gezogen. Die zu dieser Betätigung notwendigen Kräfte werden vollkommen durch die Arbeitserledigung aufgezehrt und keine wissenschaftliche Messung erlaubt ihre Benutzung im täglichen Leben.

---

[1]) F. B. Gilbreth: Motion Study, a method for increasing the efficiency of the workman. London 1911.

[2]) F. B. Gilbreth: Primer of scientific management. London: Constable & Co. 1912.

Objektive Definition des Taylorsystems. 145

Von den letzten Überlegungen sozialer und moralischer Natur abgesehen, läßt sich das Taylorsystem, auf seine richtigen Grenzen zurückgeführt, folgendermaßen umschreiben:

Eine Organisation der beruflichen Arbeit, welche den Zweck verfolgt, aus der Betriebstechnik und der menschlichen Arbeit ein Maximum von Nutzeffekt zu ziehen.

Sie erreicht dieses Ziel durch die äußerst genaue Benutzung der Elementarzeiten, die Verbesserung der Technik, die berufliche Auslese, eine besondere Entlohnungsmethode sowie eine rationelle Betriebsorganisation. Das, was man Taylorsystem nennt, ist selbst nur das Bindemittel, welches diese verschiedenen Elemente vereinigt.

Sie wendet auf die maschinelle und menschliche Arbeit dieselben Untersuchungsmethoden an. Die Unkenntnis der internen Funktionsweise der menschlichen Arbeitsmaschine hat die Nichtberücksichtigung der Ermüdung zur Folge.

Sie kümmert sich nicht um den Eigenwert eines jeden Arbeiters außerhalb der Geschwindigkeit seiner beruflichen Bewegungen.

Fügen wir die wichtige Bemerkung hinzu, daß, wenn die verschiedenen, von Taylor vorgeschlagenen Maßnahmen nicht untrennlich miteinander verbunden sind, wir nicht mehr vor dem Taylorsystem stehen, da alle darin enthaltenen Teilmaßnahmen getroffen wurden, lange bevor der amerikanische Ingenieur sein System schuf. Seiner eigenen Initiative entspringen bloß: die Messung der Elementarzeiten, deren Wert in bezug auf die Verbesserung der Technik und Erhöhung der Leistung wir hervorhoben und auf deren Gefahren vom physiologischen Gesichtspunkte wir aufmerksam gemacht haben, und die Lohnmethode, welche den Methoden von Halsey und Rowan entschieden unterlegen ist.

Vergleicht man diese — sehr objektive und auf einer peinlichen Analyse des Systems beruhende — Definition des Taylorsystems mit den subjektiven Äußerungen Taylors, so gelangt man zu dem Schlusse, daß sein Werk in keiner Weise dem von ihm ausgedrückten Ideal entspricht. Mißt man das auf diese Weise definierte Werk an den Problemen mannigfacher Natur, welche durch die gegenwärtige Organisation der Arbeit gestellt werden, so wird man sich klar über seine Unvollkommenheiten und Unzulänglichkeiten, sowie über die durch die Anwendung des Taylorsystems noch dringlicher gemachte Notwendigkeit der Lösung des Problems der rationellen Organisation der Arbeit.

3. Die gegenwärtigen Probleme der psycho-physiologischen Organisation der beruflichen Arbeit.

Beschränkt man sich auf die Probleme psycho-physiologischer Natur, so ist es vor allem notwendig, sich darüber klar zu werden, daß diese — beim heutigen Stand der industriellen Technik — weit über den begrenzten Rahmen der Muskeltätigkeit hinausgehen.

Die Auffassung des Menschen als eines rein mechanischen Motors ist ein physiologischer und philosophischer Irrtum. Wenn es erwiesen ist, daß bei der Lebenstätigkeit des menschlichen Wesens keine übernatürliche Kraft mitwirkt und daß man mit Recht vom „lebendigen Motor" sprechen kann, so genügt dies noch nicht, um die Natur dieses Motors zu erklären. Man muß sich daran gewöhnen, zu erwägen, daß die zunehmende Verwickeltheit der Erscheinungen denselben neue Charakterzüge verleiht, wenn man die einfachen mit den komplizierten Formen vergleicht. Wenn gewisse Gesetze der Tätigkeit der einen — wie Chauveau es gezeigt hat — auf die Tätigkeit der anderen anwendbar sind, folgt keineswegs daraus, daß die beiden Reihen von Erscheinungen identisch sind.

Die Auffassung des Arbeiters als eines mechanischen Motors hat Taylor zu Schlußfolgerungen geführt, die die besonnenen Physiologen verblüfft haben. Wenn eine bestimmte Tätigkeit einen Teil unseres Organismus in Mitleidenschaft zieht, lokalisiert sich die Ermüdung keineswegs auf das in Betracht kommende Organ, sondern sie stört, modifiziert die normale Tätigkeit aller übrigen Organe.

Es bestehen in uns mehrere physiologische Persönlichkeiten, oder, anders ausgedrückt, die Tätigkeit unserer verschiedenen Organe: Zirkulation, Respiration u. a. ist nicht auf gleichmäßige und endgültige Art und Weise geregelt; sie paßt sich inneren und äußeren Bedingungen an, deren Zahl so groß ist, daß die

Psychologie und Physiologie noch nicht Anspruch darauf machen können, sie alle zu kennen. Das Ziel dieser Disziplinen besteht übrigens darin, die organischen Aktionen und Reaktionen zu bestimmen, deren Gesamtheit das Leben ausmacht. Wenn eine dieser Aktionen zu lange währt, leidet der menschliche Organismus, der sich gemäß seiner „funktionellen Plastizität" derselben angepaßt hatte, darunter und unterliegt zuweilen derselben.

Der Begriff der „funktionellen Plastizität", den wir bei Anlaß unserer experimentellen Untersuchung über den organischen Zustand bei Aufmerksamkeitsleistungen ins Licht zu rücken versuchten, scheint uns in Rücksicht auf Untersuchungen über die berufliche Arbeit fruchtbar zu sein.

Die anhaltende Aufmerksamkeitsleistung, zu welcher W. Taylor die Arbeiter zwingt, bewirkt einen Zustand des Organismus, der einen andauernden gleichförmigen Rhythmus der psychophysiologischen Funktionen bedingt. Wie wir gezeigt haben, bewirkt eine plötzliche und intensive Anspannung der Aufmerksamkeit abnorme Respirations- und Zirkulationsverhältnisse. Solche Zustände können, wenn sie zu lange andauern, die vitalen Rhythmen schwer beeinträchtigen. So bringt die von uns registrierte respiratorische Kurve während einer Aufmerksamkeitsleistung zum Ausdruck, daß die Lungentätigkeit infolge der ihr aufgezwungenen Regelmäßigkeit ungenügend wird. Die zirkulatorische Kurve weist, indem sie sich erhebt und häufigeren Schwankungen unterworfen ist, auf eine Überarbeit des Herzens hin, die, wenn sie lange anhält, gefährlich werden kann. Die erwähnten Untersuchungen[1]) sind durch die Beobachtungen bestätigt worden, die wir bei Anlaß der Feststellung objektiver Zeichen der Ermüdung bei Arbeitsleistungen, die keine Muskelanstrengungen erheischen, gemacht haben, die Erhöhung des Blutdrucks und die Verlängerung der Reaktionszeiten.

Es ist somit ein grober physiologischer und psychologischer Irrtum, die Tätigkeit des Arbeiters nach seiner während der vollständigen Dauer seiner Anwesenheit im Betriebe ausgeführten Leistung bestimmen zu wollen, wenn nicht gleichzeitig die nach jeder Aufmerksamkeitsleistung notwendigen Ruhepausen er-

---

[1]) J. M. Lahy: L'adaptation organique dans les états d'attention volontaires et brefs. Comptes rendus de l'Académie des Sciences. 1913. Bd. 156, S. 1479.

mittelt werden. Das Problem stellt sich somit dem Physiologen und Psychologen mit derart verwickelten Elementen, daß er außerstande ist, eine sofortige Lösung zu formulieren. Die Weisheit gebietet in einem solchen Falle, vorderhand dem Organismus des Arbeiters die alleinige Sorge zu überlassen, seine respiratorischen und zirkulatorischen Rhythmen, welche automatischer Natur sind, nach dem Rhythmus seiner Aufmerksamkeit, der eine willkürliche Funktion darstellt, zu regeln. Wenn wir W. Taylor einräumen, daß die systematische Bummelei unter den Arbeitern nicht existieren sollte, so machen wir die größten Vorbehalte in bezug auf seinen Kampf gegen die sogenannte „natürliche" Bummelei.

Man gelangt zu dem Schlusse, daß das Problem der menschlichen Arbeit noch zu lösen bleibt. Die Tätigkeit des Menschen setzt psychische Funktionen in Betrieb; das Studium der geistigen Arbeit ist jedoch noch nicht beendigt, und die Untersuchungsmethoden auf diesem Gebiete müßten erneuert werden. In der Tat können die mit Hilfe der Stoffwechseluntersuchungsmethode erzielten Ergebnisse, wie sie durch die Untersuchungen am Carnegie-Institut geliefert werden und die zum Schlusse führen, daß die geistige Arbeit, mit denselben Methoden untersucht wie die Muskelarbeit, von keiner Energieausgabe begleitet ist, nicht als genügend betrachtet werden[1]).

Die in Frage stehenden Untersuchungen sind wieder aufzunehmen. Sie erheischen, um erfolgreich zu sein, eine vollkommenere Versuchstechnik und eine stete Verbesserung der Untersuchungsmethoden, da die geistige Arbeit sich sehr stark von der Muskelarbeit unterscheidet.

Wenn wir dem Taylorsystem gegenüber den Vorwurf machten, die psychologischen und physiologischen Bedingungen der beruflichen Arbeit nicht berücksichtigt zu haben, so wollen wir natürlich damit weder sagen, daß die wissenschaftliche Organisation der Arbeit sich gewaltsam dem Taylorsystem entgegensetzen muß, noch, daß die psycho-physiologischen Tatsachen die ausschließliche Grundlage aller diesbezüglichen Untersuchungen bilden sollen. Die Bedingungen der beruflichen

---

[1]) F. G. Benedict u. T. M. Carpenter: The influence of mental Work on Metabolism. Department of Agriculture Washington Bulletin 1909. Nr. 208, S. 45—100.

Die gegenwärtigen Probleme der psycho-physiolog. Organisation. 149

Arbeit weisen, wie wir gezeigt haben, eine außerordentliche Mannigfaltigkeit auf. Die Lösung der von ihr aufgeworfenen Fragen wird sich aus der Mitwirkung verschiedener Wissenszweige und nicht aus fragmentarischen Wahrheiten eines derselben ergeben. Man weiß u. a., welch großes wissenschaftliches Interesse sich an die Untersuchungen von A. Chauveau knüpft; trotzdem wäre es durchaus verfehlt, die praktische Organisation der Arbeit einzig und allein auf diesen Ergebnissen aufzubauen. Die Gesetze von Chauveau drücken Teilwahrheiten aus. Sie gelten bloß innerhalb der Grenzen der strikten Bedingungen der Laboratoriumsversuche. Sie direkt auf die berufliche Arbeit anwenden zu wollen, wäre von ihnen mehr verlangt, als Chauveau selbst erwartete; denn die Bedingungen, unter welchen sich die industrielle Arbeit vollzieht, sind zahlreicher und mannigfaltiger. Es müssen neue Untersuchungen durchgeführt und aus ihnen Anwendungen gezogen werden, welche, mit den Chauveauschen Gesetzen in Einklang gebracht, dazu beitragen werden, einen viel allgemeineren Begriff der menschlichen Arbeit aufzustellen. Die sukzessive erworbenen Wahrheiten müssen sich miteinander verbinden und nicht etwa zusammenschmelzen.

Beispielsweise würde die Anwendung des Gesetzes von der optimalen Geschwindigkeit der Muskelzusammenziehung zu der Behauptung führen, daß jede Muskelanstrengung sehr rasch ausgeführt werden muß, um weniger ermüdend zu sein und daß diese für jede gegebene Anstrengung festgestellte Geschwindigkeit während eines Tages, einer Woche, eines Monats erhalten werden kann. Jedoch bedingt, sobald die Anstrengung eine anhaltende ist, der ursprünglich festgestellte maximale Rhythmus Ermüdung, Krankheit, Tod. Außer den von Chauveau erkannten Faktoren sieht man bei der beruflichen Arbeit einen neuen sich geltend machen: die Kontinuität der Anstrengung.

Es ist dies nicht der einzige. Der Kontinuität der Anstrengung entspringen psychologische Zustände, welche zu berücksichtigen sind: am häufigsten wird es das Gefühl der Monotonie sein, das einen psychischen Zustand erzeugt, dessen Einfluß auf die willkürliche Anstrengung zu bestimmen ist[1]).

---

[1]) H. Münsterberg, in: Psychologie und Wirtschaftsleben (S. 113 bis 123) hat über diesen Punkt eine originelle Ansicht geäußert, die,

Mit einem Wort, jedesmal, wenn ein neues Problem der beruflichen Arbeit zu untersuchen ist, erscheint es geboten, die vorgängig festgestellten Tatsachen bloß als Anhaltspunkte in der Feststellung eines viel allgemeineren Gesetzes aufzufassen. Es erscheint somit als unumgänglich notwendig, die Arbeit an der Stätte der Ausübung derselben der direkten Beobachtung und dem Experiment zu unterwerfen.

„Die einzige Schwierigkeit," schreibt Marey, „auf die man bei der Untersuchung der Arbeit in der Werkstätte und den Bauplätzen stößt, liegt in der außerordentlichen Mannigfaltigkeit der zu leistenden Anstrengungen, sowie in der großen Varietät der in den verschiedenen Berufsarten benutzten Werkzeuge. Wenn aber diese Schwierigkeit groß ist, verdient die Wichtigkeit der zu erzielenden Ergebnisse, daß keine Anstrengungen gescheut werden[1]."

Die durchzuführenden Untersuchungen sollen sich nicht nur auf die mannigfaltigen Seiten der beruflichen Tätigkeit beziehen, sondern auch auf allgemeinere Probleme, die sich zur Zeit, wo Marey lebte, nicht mit derselben Eindringlichkeit stellten, die aber gegenwärtig, infolge der Verbreitung der industriellen Überproduktionsmethoden, eine Lösung finden müssen. Unter denselben nehmen das Problem der Ermüdung, welches das Individuum und die Rasse, sowie dasjenige der beruflichen Auslese, welches die gesamte Gesellschaft interessiert, eine erste Stelle ein.

4. Die gegenwärtig anzuwendende Methode zur Untersuchung der beruflichen Tätigkeit.

Die neu aufzunehmenden oder weiterzuführenden Untersuchungen sind, entgegen der allzu häufig vertretenen Meinung, nicht dazu berufen, eine neue Wissenschaft zu bilden. Es ist vielmehr eine besondere Anwendung der Laboratoriumstechnik und der allgemeinen Grundsätze der experimentellen Wissenschaft auf besondere Probleme. Was einige hat täuschen können,

---

um verallgemeinert werden zu können, neue Untersuchungen erheischt in Rücksicht auf die vielfachen Seiten der industriellen Arbeit.

[1] Marey: Le travail de l'homme dans les professions manuelles. Revue de la Société scientifique d'hygiène alimentaire. 1904, S. 198.

Die gegenwärtig anzuwendende Methode zur Untersuchung. 151

ist die Tatsache, daß diese Probleme, die eine außerordentliche Verwickeltheit aufweisen, bis heute noch nicht Gegenstand einer methodischen Untersuchung gewesen sind.

Für denjenigen, der über die einschlägigen Verhältnisse im klaren ist, kann es sich nicht darum handeln, die menschliche Tätigkeit unter den gewöhnlichen Verhältnissen des Laboratoriums zu untersuchen, sondern vielmehr in einem bestimmten Milieu, dem Arbeitsmilieu. Statt den arbeitenden Menschen in das Laboratorium zu bringen und seine auf solche Weise entstellte Berufstätigkeit seiner gewöhnlichen beruflichen Arbeit zu assimilieren, muß man die zweckmäßigen wissenschaftlichen Instrumente in die Werkstatt mitführen.

Beispielsweise einen Mann auf einem „leer" laufenden Fahrrad arbeiten lassen, dessen Bremse die geleistete Menge von Arbeit mißt, kann, insofern man unmittelbare und praktische Ergebnisse zu ermitteln sucht, nicht verglichen werden mit der von einem Individuum in einer der mannigfachen beruflichen Tätigkeiten geleisteten Arbeit.

Stellt man sich die Aufgabe, die Arbeit des Schreiners zu untersuchen, so genügt es nicht, einen Schreiner ins Laboratorium kommen und ihn einige Hobelschläge ausführen zu lassen, wobei die Technik und die Wirkungen studiert werden; es würde dies ohne Zweifel eine interessante Untersuchung sein, die dazu beitragen würde, das in Frage stehende Problem einer Lösung näherzubringen. Aber viel wirkungsvoller würde die Untersuchung in der Werkstatt selbst sein. Man würde daselbst, außer dem „theoretischen" Hobelschlag, den Einfluß des physischen und moralischen Milieus, der Beleuchtung, der Hilfswerkzeuge, der Nachbarschaft der anderen Arbeiter usw. untersuchen können, alles Bedingungen, die in starkem Maße die Ergebnisse des Experiments zu modifizieren vermögen.

Wir sind überzeugt, daß die äußeren Bedingungen, unter welchen sich die Arbeit vollzieht: die Eile, die Gemütsbewegungen, welche die Arbeit begleiten, der Überdruß, der auferlegte Arbeitsrhythmus, der moralische Zwang Faktoren darstellen, die in den Laboratoriumsuntersuchungen nicht erfaßt werden können und doch ihrer Natur nach die gefährlichsten Unfälle bewirken. Unter diesen Unfällen muß man, unserer Ansicht nach, den Geisteskrankheiten einen wichtigen Platz einräumen.

Die Untersuchung wird noch schwieriger, wenn an Stelle derjenigen Tätigkeiten, wo einzig und allein die körperliche Arbeit eine Rolle spielt, diejenigen Tätigkeiten treten, welche das Aufwenden geistiger Fähigkeiten erheischen, wie z. B. die Beaufsichtigung einer Webmaschine oder die Arbeit des Maschinensetzers. In einem solchen Falle nehmen der Einfluß des Milieus, der geistigen Fähigkeiten eine große Bedeutung an.

Übrigens unterziehen sich diejenigen Berufsarten, die am meisten Untersuchungen erheischen, den Beobachtungen nicht, die nicht voll und ganz das Milieu berücksichtigen. Die der Aufsichtstätigkeit eigentümlichen Bedingungen können nicht auf künstliche Art und Weise geschaffen werden. Bei ihrer Untersuchung die allgemeinen Regeln, welche das Studium der Aufmerksamkeit zu formulieren erlaubt, anwenden zu wollen, hieße sich schweren Enttäuschungen aussetzen. Allerdings nimmt die Aufmerksamkeit einen hervorragenden Platz unter den bei den Aufsichtstätigkeiten aufgewendeten Fähigkeiten ein, aber andere psychologische Faktoren spielen auch mit.

Diese Faktoren kombinieren sich sehr verschiedenartig in der beruflichen Tätigkeit, und diese Kombinationen erzeugen psychologische Verhaltungsweisen, die die reine Wissenschaft noch nicht zum Gegenstand ihrer Forschung gemacht hat. Die letzteren zu erfassen, stellt eine der dankbarsten Aufgaben der zukünftigen Untersuchungen dar.

Wenn wir die Vornahme der Untersuchungen an der Arbeitsstätte befürworten, so wollen wir damit keineswegs die Nützlichkeit, ja die Notwendigkeit der Laboratoriumsversuche bestreiten. Haben Voruntersuchungen erlaubt, das Problem durch Aufteilung in seine Elemente klarzulegen, und will man eine seiner mannigfachen Seiten besonders beleuchten, so drängen sich die Ruhe und die Genauigkeit der Laboratoriumsarbeit auf. Diese Ursachen haben uns beispielsweise veranlaßt, gleichzeitig Untersuchungen über die Straßenbahnführer unter den normalen Bedingungen des Milieus und des Arbeitsplatzes und Laboratoriumsexperimente durchzuführen, um die psychologischen und physiologischen Bedingungen der nur kurze Zeit dauernden, aber intensiven Bewegungen zu ermitteln. Diese sind, glauben wir, kennzeichnend für die Tätigkeit des Straßenbahn- und Kraftwagenführers. Sind die Bedingungen einer guten Experimentalunter-

Die gegenwärtig anzuwendende Methode zur Untersuchung. 153

suchung einmal genau festgelegt, kann man, wie Claude Bernard es so schön gezeigt hat, die Untersuchung auf einen bestimmten Fall einschränken. Was vor allem nottut, ist die Auffindung der örtlichen Bedingungen.

Die Tendenzen der verschiedenen wissenschaftlichen Untersuchungen, wie wir sie kurz angeführt haben, laufen, welches auch die vom Gelehrten eingenommene Haltung sei, auf praktische Ziele hinaus. Sie sind somit alle nützlich und ihre Lehren wertvoll. Jedoch erlaubt der dringende Charakter des Problems der wissenschaftlichen Organisation der Arbeit nicht, abzuwarten, bis die reiche Ernte reif ist; sie legt die Pflicht auf, jetzt schon eine Methode zu schaffen, die dem früheren Empirismus überlegen ist.

Diese Methode wird darin bestehen, allmählich für alle Formen der modernen beruflichen Tätigkeit die physiologischen Bedingungen der maximalen Leistung festzustellen, sowohl in Rücksicht auf die Menge wie auf die Güte; ferner den Zeitpunkt zu bestimmen, wo für die untersuchte Arbeit die ersten Zeichen der Ermüdung in Erscheinung treten.

Mit anderen Worten: für jede berufliche Beschäftigung muß man sich das doppelte Problem der beruflichen Überlegenheit und der Ermüdung stellen.

Dieses Ziel kann erreicht werden durch die Vereinigung der zerstreuten Beobachtungen, sowie durch die Durchführung neuer exakter Untersuchungen.

Jedoch soll man sich nicht der Hoffnung hingeben, daß zur gegenwärtigen Zeit alle in Betracht kommenden Fälle einer Lösung zugänglich sind. Es sind vielmehr vorerst Vorstudien und Voruntersuchungen durchzuführen. Mit der klaren Einsicht in die Mannigfaltigkeit und Beweglichkeit der zu erreichenden Ziele wird man nicht riskieren, einer Illusion zum Opfer zu fallen, die durch den sowohl sozialen als wissenschaftlichen Charakter solcher Untersuchungen heraufbeschworen werden könnte.

Die durch die Anwendung des Taylorsystems in der ganzen Welt ausgelöste Bewegung gibt uns endlich Gelegenheit, das von uns aufgestellte Arbeitsprogramm der Untersuchungen, die auf dem Gebiete der wissenschaftlichen Organisation der menschlichen Arbeit durchzuführen sind, bekanntzugeben.

Dieses Programm weist eine außerordentliche Mannigfaltigkeit auf, denn alle Fragen und Probleme sozialer Natur sind darin berücksichtigt. Um es praktisch zu gestalten, muß man es auf die wichtigsten Fragen beschränken, die von unmittelbarem Interesse sind.

In erster Linie handelt es sich um das **Problem der beruflichen Vorauslese**, welches bis zum heutigen Tage nicht gestellt worden ist. Die Durchführung der Auslese der Arbeiter vor Eintritt in die Berufslehre — gestützt auf die psycho-physiologischen Charakteristika der besten Arbeiter — sichert den beruflichen Nachwuchs, indem gleichzeitig die Gefahr der Schaffung von sozial minderwertigen Individuen vermieden wird. Unsere langjährigen Bemühungen zielen nach diesem Ergebnis in bezug auf die Schriftsetzer, Maschinensetzer, Kraftwagenführer, Mechaniker, Maschinenschreiber usw.

In zweiter Linie kommt die **methodische Anlernung der jüngeren Arbeiter und Lehrlinge** durch die Kenntnis der wissenschaftlichen Bedingungen der beruflichen Tätigkeit. Die Forschungsarbeiten von Imbert über die Handhabung des Schiebkarrens, die Arbeit des Feilens usw. können in dieser Beziehung wertvolle Anregungen liefern.

Gleichzeitig ist die **Verbesserung der Berufstechnik** durch die Anwendung der rationellen Kenntnisse über die „menschliche Arbeitsmaschine" und der Zeitstudien durchzuführen.

Endlich erweist sich die **Ermittlung der objektiven Zeichen der beruflichen Ermüdung** — insbesondere in den Aufsichtsarbeiten, sowie in denjenigen Tätigkeiten, die wie diejenigen, die wir bereits untersucht haben, Aufmerksamkeitsleistungen erheischen, als eine unumgängliche Notwendigkeit.

Die Vornahme der hier kurz skizzierten Untersuchungen ist um so notwendiger geworden, als die Taylorschen Zeitstudien die Tendenz haben, sich zu verallgemeinern.

Andere wichtige Fragen dehnen das Untersuchungsgebiet noch mehr aus, wie die Ernährung und die Arbeiterhygiene, die Ruhepausen, die Zerstreuung usw. Die Ergebnisse, zu welchen die Durchführung dieser Untersuchungen führen wird, werden ohne Zweifel bedeutende Beiträge zum Studium und vielleicht sogar zur Lösung ausgedehnterer Probleme liefern, die man unter dem Begriff der „sozialen Frage" zusammenfaßt.

Verlag von Julius Springer in Berlin W 9

Bewegungsstudien. Vorschläge zur Steigerung der Leistungsfähigkeit des Arbeiters. Von **Frank B. Gilbreth.** Freie deutsche Bearbeitung von Dr. **Colin Roß.** Mit 20 Abb. auf 7 Tafeln. 1921. GZ. 2

Das ABC der wissenschaftlichen Betriebsführung. Primer of Scientific Management. Von **Frank B. Gilbreth.** Nach dem Amerikanischen frei bearbeitet von Dr. **Colin Roß.** Mit 12 Textfiguren. Dritter, unveränderter Neudruck. 1920. GZ. 2

Die Betriebsleitung, insbesondere der Werkstätten. Autoris. deutsche Bearb. der Schrift: „Shop Management" von **Fred. W. Taylor,** Philadelphia. Von **A. Wallichs,** Prof. an der Techn. Hochschule zu Aachen. Vierte, neubearb. Aufl. In Vorbereitung.

Über Dreharbeit und Werkzeugstähle. Autorisierte deutsche Ausgabe der Schrift „On the art of cutting metals" von **Fred. W. Taylor,** Philadelphia. Von **A. Wallichs,** Professor an der Technischen Hochschule zu Aachen. Vierter, unveränderter Abdruck. 5. und 6. Tausend. Mit 119 Figuren und Tabellen. 1920. Geb. GZ. 8,3

Aus der Praxis des Taylor-Systems mit eingehender Beschreibung seiner Anwendung bei der Tabor Manufacturing Comp. in Philadelphia. Von Dipl.-Ing. **Rudolf Seubert,** beratendem Ingenieur. Mit 45 Abb. und Vordrucken. Vierter, berichtigter Neudruck. 9. bis 13. Tausend. 1920. Geb. GZ. 5

Die wirtschaftliche Arbeitsweise in den Werkstätten der Maschinenfabriken, ihre Kontrolle und Einführung mit besonderer Berücksicht. des Taylor-Verfahrens. Von Betriebsing. **A. Lauffer,** Königsberg i. Pr. Bericht. Neudr. 1919. GZ. 2,4

Industrielle Betriebsführung. Von **James Mapes Dodge.**

Betriebsführung und Betriebswissenschaft. Von Prof. Dr.-Ing. **G. Schlesinger.** Vorträge, gehalten auf der 54. Hauptversammlung des Vereines deutscher Ingenieure in Leipzig. Unveränderter Neudruck 1921. GZ. 1,5

Kritik des Taylor-Systems. Zentralisierung — Taylors Erfolge — Praktische Durchführung des Taylor-Systems — Ausbildung des Nachwuchses. Von **Gustav Frenz,** Obering. und Betriebsleiter d. Maschinenfabrik Thyssen & Co. i. Mülheim (Ruhr). 1920. GZ. 3,5

Kritik des Zeitstudienverfahrens. Eine Untersuchung der Ursachen, die zu einem Mißerfolg des Zeitstudiums führen. Von **I. M. Witte.** Mit 2 Tafeln. 1921. GZ. 2

Die Grundzahlen (GZ.) entsprechen den ungefähren Vorkriegspreisen und ergeben mit dem jeweiligen Entwertungsfaktor (Umrechnungsschlüssel) vervielfacht den Verkaufspreis. Über den zur Zeit geltenden Umrechnungsschlüssel geben alle Buchhandlungen sowie der Verlag bereitwilligst Auskunft.

Verlag von Julius Springer in Berlin W 9

Psychotechnik und Taylor-System. Von Betriebsingenieure **K. A. Tramm,** Berlin. In zwei Bänden.
Erster Band: **Arbeitsuntersuchungen.** Mit 89 Abb. 1921. GZ. 4,5
Zweiter Band: **Eignungsprüfung, Einstellung und Anlernung von Arbeitskräften.** In Vorbereitung.

Die Experimentalpsychologie im Dienste des Wirtschaftslebens. Von Privatdozent Dr. **Walther Moede.** Zweite, neubearb. und wesentlich vermehrte Aufl. In Vorbereitung.

Über psychologische Berufs-Eignungsprüfungen für Verkehrsberufe. Eine Begutachtung ihres theoretischen und praktischen Wertes, erläutert durch eine Untersuchung von Straßenbahnführern. Von Dr. phil. et med. **Alex Schackwitz,** Assistent am Institut für gerichtliche Medizin der Universität Kiel. Mit einer Abbildung. 1920. GZ. 6

Die psychologischen Probleme der Industrie. Von **Frank Watts,** M. A., Dozent der Psychologie an der Universität Manchester und an der Abteilung für industrielle Verwaltung der Gewerbeakademie von Manchester. Deutsch von **Herbert Frhr. Grote.** Mit 4 Textabbildungen. 1922. GZ. 5,5; geb. GZ. 7,5

Sozialpsychologische Forschungen des Instituts für Sozialpsychologie an der Technischen Hochschule Karlsruhe herausgegeben von Prof. Dr. phil. et med. **Willy Hellpach,** Vorst. des Instituts.
Erster Band: **Gruppenfabrikation.** Von **R. Lang,** Untertürkheim und **Willy Hellpach,** Karlsruhe. 1922. GZ. 4,8
Zweiter Band: **Werkstattaussiedlung.** Untersuchungen über den Lebensraum des Industriearbeiters. In Verbindung mit Eugen May, Dreher in Münster a. Neckar und Martin Grünberg, Dr. jur. in Stuttgart von Dr. jur. **Eugen Rosenstock.** 1922. GZ. 6
Dritter Band: **Planwerk und Gemeinwerk.** Eine Untersuchung der menschenseelischen Leistungs-, Entwicklungs- und Gestaltungskräfte im Arbeitsleben der Gegenwart. Von Prof. Dr. **Willy Hellpach.** In Vorbereitung.

H. L. Gantt, Organisation der Arbeit. Gedanken eines amerik. Ing. über die wirtschaftlichen Folgen des Weltkrieges. Deutsch von Dipl.-Ing. **Friedrich Meyenberg.** Mit 9 Textabb. 1922. GZ. 2,5

Warum arbeitet die Fabrik mit Verlust? Eine wissenschaftliche Untersuchung von Krebsschäden in der Fabrikleitung. Von **William Kent.** Mit einer Einleitung von Henry L. Gantt. Übersetzt und bearbeitet von **Karl Italiener.** 1921. GZ. 2,6

Die Grundzahlen (GZ.) entsprechen den ungefähren Vorkriegspreisen und ergeben mit dem jeweiligen Entwertungsfaktor (Umrechnungsschlüssel) vervielfacht den Verkaufspreis. Über den zur Zeit geltenden Umrechnungsschlüssel geben alle Buchhandlungen sowie der Verlag bereitwilligst Auskunft.

MIX
Papier aus verantwortungsvollen Quellen
Paper from responsible sources
FSC® C105338

If you have any concerns about our products,
you can contact us on
ProductSafety@springernature.com

In case Publisher is established outside the EU,
the EU authorized representative is:
**Springer Nature Customer Service Center GmbH
Europaplatz 3, 69115 Heidelberg, Germany**

Printed by Libri Plureos GmbH
in Hamburg, Germany